小さい農業で稼ぐ

チコリー類

山村真弓・澤里昭寿 著

トレビス
タルディーボ
プンタレッラ
プレコーチェ
ヴェローナ
カステルフランコ

Chicory

農文協

これが イタリア料理の 定番食材 トレビスだ

彩りがきれい
サラダのアクセントや肉料理の付け合わせに最適

ほろ苦い
サクッとした食感にほんのりした苦みがクセになる

トレビスはチコリー類の一つで，その彩りの美しさとほろ苦さはチコリー類共通の特徴だ。写真の品種は極早生種「TSGI-042」（トキタ種苗）

口絵と本文写真：澤里昭寿
（＊印　編集部）

トレビス

外葉を剥がしても
小玉にならない大物を

結球して，収穫時の姿

生育中の姿。
はじめから赤いわけではない

調製前。緑色が混じった葉を数枚剥がすと前のページのように鮮やかな赤と白の球になる

タルディーボ

掘り上げ後の軟白処理はこうやる

寒さで葉全体が赤みを帯びたら掘り上げ適期

掘り上げる

ハウスの中に水をためた容器を置き，掘り上げた株を立てて並べ，シートで覆って3週間ほど遮光する

緑色が抜け，軟白化

まきどきが決め手

プンタレッラ

花茎

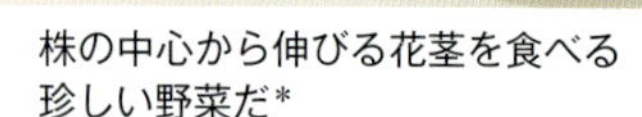

株の中心から伸びる花茎を食べる珍しい野菜だ*

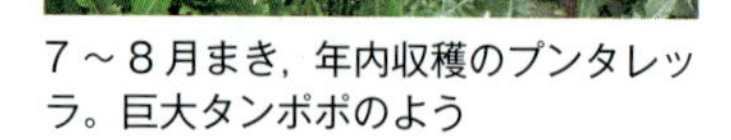

7～8月まき，年内収穫のプンタレッラ。巨大タンポポのよう

花茎は中が空洞。
これを細く刻んで食べる*

まきどきが早いか遅いと花茎が伸びて硬くなってしまう

（5）

カステル フランコ

結束して軟白処理すると，
まるで花束のよう

生育中に下葉以外の葉をヒモで結束するなどして遮光する

ヒモをほどくと
クリーム色と赤色の葉に変身

チコリー類を食べる

チコリー類で
食卓がこんなににぎやかに

プンタレッラとアンチョビのサラダ（レシピは115ページ）*

プンタレッラとタルディーボのサラダ

タルディーボ，ウルイ，イチゴのマリネ

プンタレッラと魚介の煮込み
（トマト煮込みのレシピは117ページ）

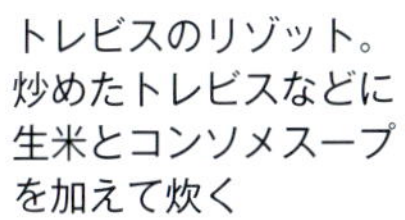

トレビスのリゾット。
炒めたトレビスなどに
生米とコンソメスープ
を加えて炊く

プンタレッラの袋売り。宮城県丸森町の宍戸志津子さんは市場には花茎1株まるごと出すが，直売所では花茎を小分けにして売る（宍戸志津子）

こちらはJAみやぎ仙南を通しての市場出荷向け。1株まるごと袋に入れる

それを段ボールに5kg詰めにして出荷する。5kg3000～3500円で取引される

チコリー類を売る

JAみやぎ仙南を通しての市場出荷向けのタルディーボ。流通途中で光が入ると緑色になってしまうため，発泡スチロールの箱に入れる。写真は1kg詰め。1700～1800円で取引される

まえがき――始まりはプンタレッラ

トレビス、タルディーボ、プンタレッラ、カステルフランコ……、すべてイタリア野菜のチコリーの仲間である。トレビスを除いては日本ではまだ珍しい野菜であり、もし名前を聞いたことがあっても容易に手に入る野菜ではない。

日本国内では、ごく少数の生産者が、イタリアで修行した料理人などから依頼されて栽培しているケースが多く、現在流通しているものはほぼ輸入品である。

そんなイタリア野菜を私たちが研究することになったのは、偶然のきっかけが重なってプンタレッラと出会ったからである（詳細は第5章プンタレッラの育て方で紹介）。

このプンタレッラの栽培技術の開発を産地育成と並行して進めるなか、私たちには「プンタレッラに限らずイタリア野菜はおもしろい」、「イタリア野菜は姿も味も日本人好みで、もっと皆さんに食べてもらいたい」、「栽培できる品目を増やしていきたい」等々の想いが生まれた。そして「イタリア野菜を宮城県から日本全国に発信していく」と決め、栽培事例のない珍しいニッチな野菜たちの安定栽培技術の確立を目指すことになったのである。研究する品目の選定は、市場関係者やイタリアンやフレンチの料理人の方々の意見を伺いながら行なった。その結果、プンタレッラに続き、タルディーボの簡易軟白栽培技術や、トレビスの安定高品質栽培に適した品種や作型などを明らかにすることができた。さらにそのほかの品目として、プレコーチェ、ヴェローナ、カステルフランコなどのチコリー類の生態把握と栽培技術確立につながっていった。

この本の中では、これら栽培技術の研究成果だけでなく、現地の栽培事例や出荷状況、本格的な料理から手軽でおいしい料理法についても紹介した。

チコリー類のことをまったく知らない方には、その独特の〝苦み〟がじつは心地よくおいしいということを知っていただき、ぜひ栽培してみたいと思っていただければと願っている。すでにチコリー類の栽培を始めている方には、「もっと上手に栽培したい」、「料理方法がわからず消費者の手に取ってもらえない」といった問題の解決のヒントになれば幸いである。

おわりに、チコリー類の研究にあたって当時の宮城県農業・園芸総合研究所の職員の方々（とくに前任者の佐々木丈夫氏）、県庁の食産業振興課の職員の方々、ＪＡみやぎ仙南西洋野菜研究会の皆様、その他関係者にご協力をいただいた。また、執筆にあたりＪＡみやぎ仙南西洋野菜研究会のＪＡ担当者の方々、生産者の萱野範夫西洋野菜研究会会長、同研究会会員の宍戸志津子さん、小島紀之さんにご協力いただいた。この場をお借りして御礼を申し上げる。なお出版の便宜を図っていただき、執筆にあたっては根気強くていねいに対応していただき、編集に多大なご尽力をいただいた農文協の西尾祐一さんに心から感謝する次第である。

令和元年６月吉日

執筆者を代表して、**山村真弓**

目次

第3章 トレビスの育て方

第4章 タルディーボの育て方

第5章 プンタレッツラの育て方

第6章 まだまだあるチコリー類

第7章 農薬をできるだけ使わない病害虫の防ぎ方

第8章 チコリー類の食べ方と売り方

＊本書における施肥量などは1aで示した。
1a＝100m^2
1a当たり10kg（10000g）の場合，1m^2当たりは100で割って100gとなる。

第1章

多品目の中でチコリー類を育てる人たち

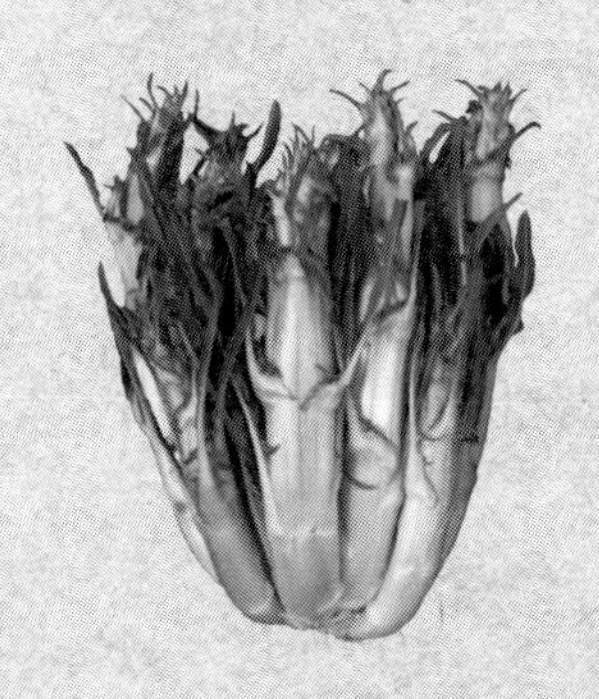

1 イネ育苗ハウスの有効活用にプンタレッラ

菅野範夫さん

経営の主力は稲作

菅野範夫さん（71歳）は、郵便局の仕事をしながら水稲＋野菜を作付けするなかで、丸森町（宮城県伊具郡）の認定農業者会の会長も務め、地元の農業の活性化に尽力してきた。

経営の主体は、作業委託も含めると約25haある稲作。育苗ハウスだけでも2aほどのものが5棟もある。ところがこれを使うのは3月下旬から5月中旬の田植えまで。1年のうち残りの約10カ月は冬場にアスパラ菜（オータムポエム）を少しつくる程度でほぼ空いていた。それは地域の稲

写真1－1
プンタレッラを持つ菅野範夫さん
JAみやぎ仙南西洋野菜研究会の会長

作農家も同じだった。そこで冬場の育苗ハウスを有効活用してプンタレッラの栽培を２００６年から行なってきた（写真１―１）。その間（２００９年）には、ＪＡみやぎ仙南西洋野菜研究会も立ち上げた。

プンタレッラは１kg６００〜７００円

現在は自宅にある水稲育苗用ハウス10ａ（５棟）でプンタレッラを栽培している。プンタレッラはＪＡみやぎ仙南で共同育苗した苗を使い、８月下旬〜９月上旬に定植し、11月中旬〜３月下旬まで収穫。ＪＡみやぎ仙南を通して県内・県外の市場を通じて飲食店に販売している。価格は１kg６００〜７００円。市場出荷できない規格外品は、レシピをつけて直売所でも販売している。露地畑10ａではタルディーボ、カラフルニンジンも作付けしている。

研究会では、さらに西洋野菜の品目数を広げられるように「プンタレッラプラスワン栽培」を会員に呼びかけてい

写真１―２
定植されたプンタレッラと通路に敷いた防草シート
1a500株植え，収穫株率80％で400株。1株700gで1kg600円として，1a当たり約17万円の売上になる

る。

プンタレッラは早生種と晩生種の２系統を定植し、年内出荷を早生種主体に、年明けから3月までを晩生種で、出荷期間を長く対応できるようにしている。また、ほとんど一人で栽培管理しているので、除草の省力のため通路に防草シートを敷いたり（写真１－２）、収穫用に先の細い包丁を使ったりするなど工夫している（写真１－３）。冬場のプンタレッラは、収穫期になっても畑にそのまま置いておける期間がわりと長いので、受注に対応したり、自分の体調などに合わせて出荷できたりと融通がきくので助かっていると太鼓判を押す。

❷ 多品目栽培する野菜ソムリエ

（宍戸志津子さん）

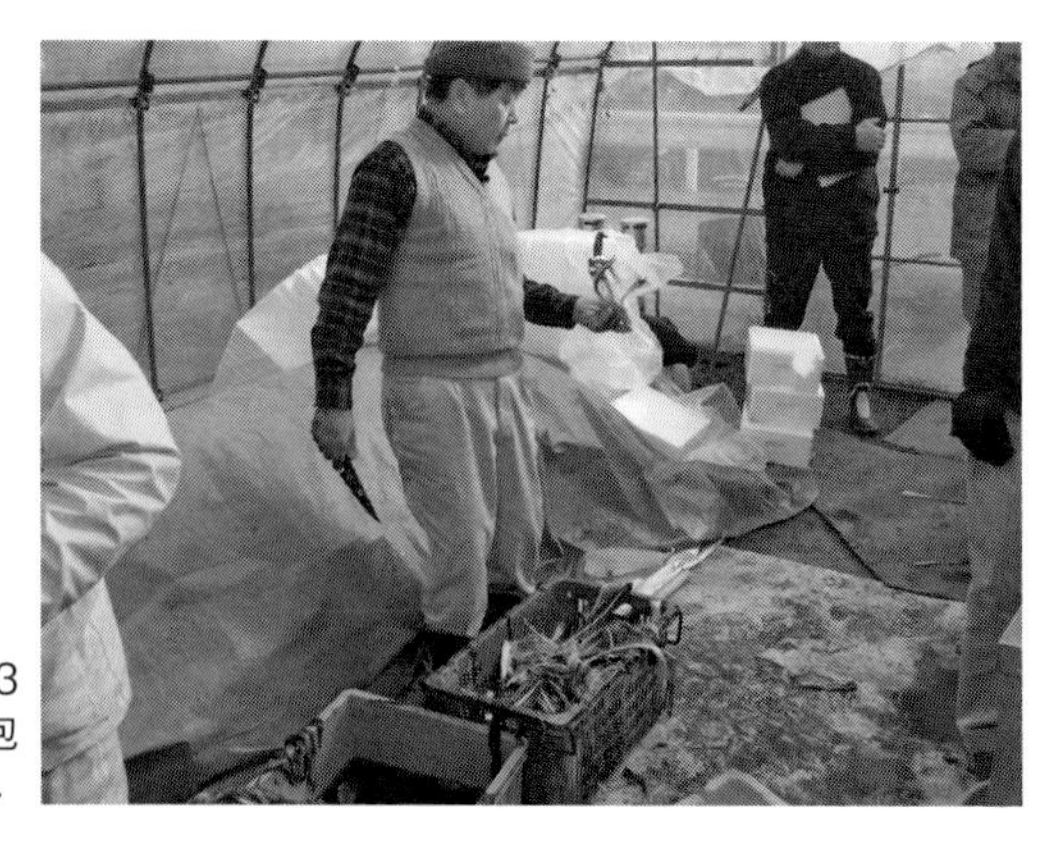
写真1−3
先の細い収穫用包丁を持つ菅野さん

ハウス４aと露地畑20aでさまざまな野菜

菅野さんと同じくＪＡみやぎ仙南西洋野菜研究会に所属する宍戸志津子さん（61歳）は、パイプハウス４a（３棟）、露地畑20aでさまざまな野菜を栽培している（写真１―４）。また、野菜ソムリエとして、いろいろな野菜の食べ方などを情報発信している。とくに珍しい野菜に興味があり、プンタレッラなどを導入することになった。これまでは志津子さんが主体で栽培してきたが、２年前からご主人も退職を機にいっしょに作業している。

現在はプンタレッラ、タルディーボ、カーボロネロ（写真１―５）、チーマ・ディ・ラーパ（写真１―６）、不結球ケール（カリーノケール　写真１―７）、カリフローレ（写真１―８）をパイプハウス内で栽培し、ＪＡみやぎ仙南から県内・県外の市場を通じて飲食店へ販売している。また、野菜ソムリエのネットワークを活かして、自身の畑でとれた野菜を使った創作料理のレシピを直売所などで

写真１―４
プンタレッラと
宍戸志津子さん

写真1－5
カーボロネロ（黒キャベツ）*

写真1－6
チーマ・ディ・ラーパ（西洋ナバナ）

紹介している（123ページ）。露地畑では丸森町の特産品のヤーコンを栽培。ドレッシングや、葉を使ったヤーコン茶などを友人とともに開発し販売している。

プンタレッラなどの西洋野菜を導入してみて、収益はそれほどではないが、これらの野菜を通じていろいろな人とつながりができたことが最大の魅力だと感じている。今後、レストランなどはますます珍しい野菜にとびつくと思うの

写真1－7
不結球ケール「カリーノケール」（トキタ種苗）

写真1－8
スティックカリフラワー「カリフローレ」（トキタ種苗）

で、これからもがんばっていきたいし、地元で気軽に西洋野菜が食べられる環境、できればレストランができるといいなと考えている。

3 花栽培から転向して高品質栽培

小島紀之さん

かつての花栽培ハウス18aでさまざまな野菜

同じくJAみやぎ仙南西洋野菜研究会に所属する小島紀之さん（62歳）は、水稲2ha＋パイプハウス18a（10棟のうち1棟は水稲育苗ハウス）を奥さんと2人で経営している（写真1－9）。以前は花も栽培していたが、現在は水田と野菜のみ。パイプハウスではツルムラサキ7a、プンタレッラ3・5a（2棟）、ブロッコリー9a、カリーノケール3a、カリフローレ2・5aを作付けしている。西

写真1－9
プンタレッラの株と
小島紀之さん

洋野菜研究会には途中から入会したので、品質のよいものを出荷し、研究会の評価を落とさないように努力してきた。

プンタレッラについては、食べたことも聞いたこともなかったので、どのような野菜なのか理解できるまで何年か必要だったが、今ではすっかりお気に入りの野菜になっている。プンタレッラは、これまでの葉物野菜に比べると手がかからない。冬場に収穫作業が忙しいほかの葉物に比べ、下葉の調製や袋詰めなどの出荷・調製作業がないので作業時間が短縮され、現在の栽培組み合わせに最適で、今後も栽培を続けていきたいと考えている。出荷はおもにＪＡを通じて市場に出しているが、市場に出荷できないものは直売所にも出している。ポップやラベルでプンタレッラの特徴や食べ方を紹介することで、地域にプンタレッラが知られるようになり、今では冬場の直売所の定番野菜となっている。

第2章

チコリー類とは

1 何科の植物なの？——植物としての分類

チコリー類は、キク科キクニガナ属に属する栽培種の総称である（図2—1）。キク科キクニガナ属は、ヨーロッパ、地中海、エチオピアに9種存在するといわれ、根を深く張り、葉の形態はタンポポのように根から直接葉が出ているように見え（根出葉という）、植物体を切ると乳汁という白い液体を分泌するといった特徴がある。その中には栽培種が2種存在し、一つはエンダイブ（写真2—1）、もう一つが本書で取り上げるチコリー類である。

チコリー類は、根を食用にするタイプ（根チコリー）と、葉を食用にするタイプがあり、葉を利用する系統群について、本書では植物体の葉の色と栽培方法を基準に「軟白チコリー」、「赤チコリー」、「緑チコリー」と分けて呼ぶことにする。

2 同じ仲間の野菜は？——系統

日本国内で単に「チコリー」というと、軟白チコリーのことを指す。英語ではウィットルーフ、フランス語ではアンディーブ、イタリア語ではチコーリアと呼ばれる。栽培ではじめに根株を養成し

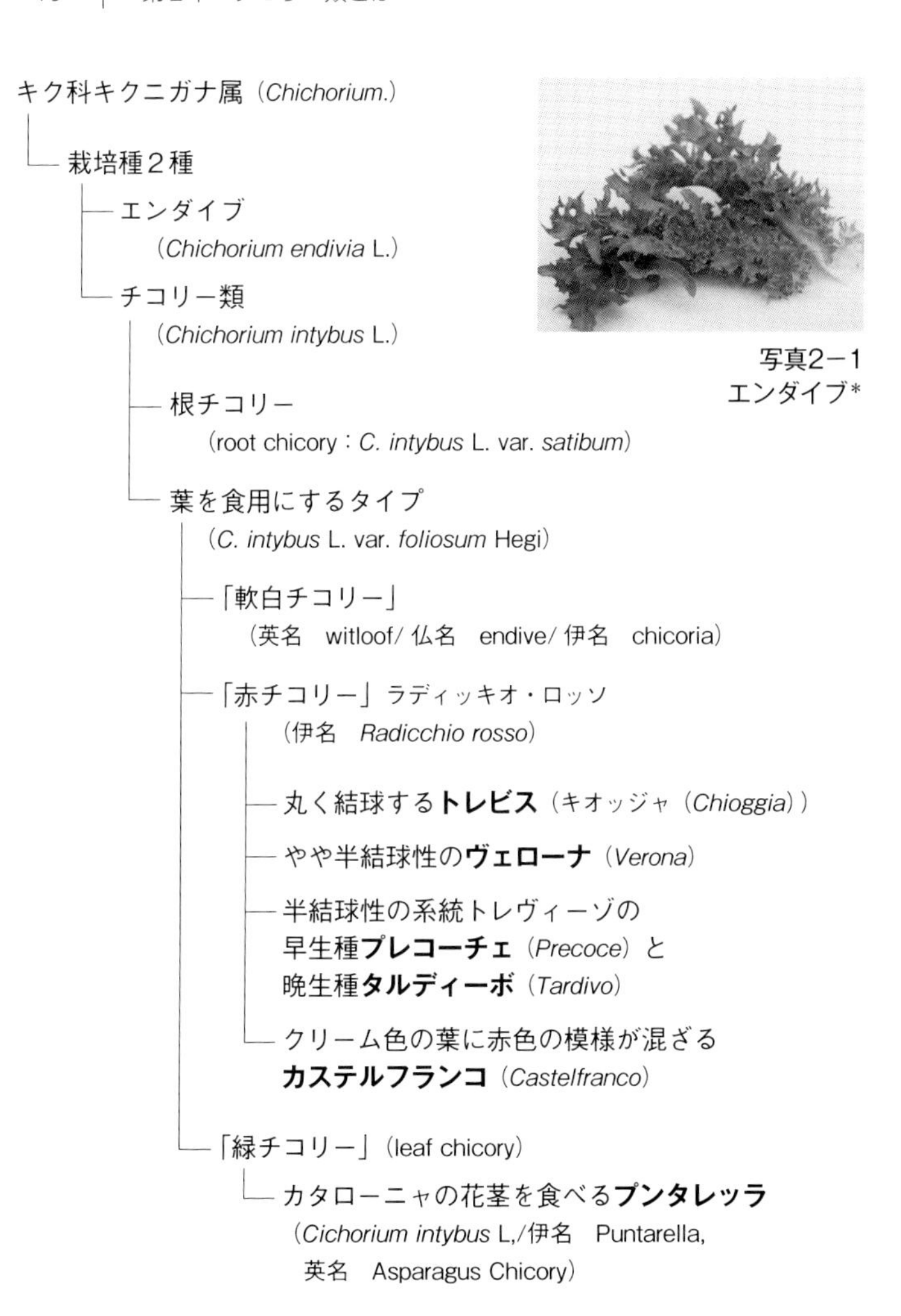
キク科キクニガナ属（Chichorium.）
栽培種2種
エンダイブ
（Chichorium endivia L.）
チコリー類
（Chichorium intybus L.）
根チコリー
（root chicory：C. intybus L. var. satibum）
葉を食用にするタイプ
（C. intybus L. var. foliosum Hegi）
「軟白チコリー」
（英名 witloof/ 仏名 endive/ 伊名 chicoria）
「赤チコリー」ラディッキオ・ロッソ
（伊名 Radicchio rosso）
丸く結球するトレビス（キオッジャ（Chioggia））
やや半結球性のヴェローナ（Verona）
半結球性の系統トレヴィーゾの
早生種プレコーチェ（Precoce）と
晩生種タルディーボ（Tardivo）
クリーム色の葉に赤色の模様が混ざる
カステルフランコ（Castelfranco）
「緑チコリー」（leaf chicory）
カタローニャの花茎を食べるプンタレッラ
（Cichorium intybus L,/伊名 Puntarella,
英名 Asparagus Chicory）

写真2－1
エンダイブ*

図2－1 チコリー類の系統と仲間

太字は本書で取り上げた品目

たのち、暗所に伏せ込んでから生長した部分を収穫する。黄白色の美しい野菜であるが、古くから栽培され、栽培法について書かれた書物もすでにあるので、本書ではここでの紹介だけに留める。ちなみに、同じキク科キクニガナ属の「エンダイブ」は前出のアンディーブと名前が似ていてよく間違われるが、チコリー類とは種が異なり、葉の縮みが深いのが特徴の緑色の葉物野菜である。

赤チコリーは、キク科キクニガナ属のレッドチコリー系統群に属する葉に赤色を含む野菜のことである。レッドチコリー系統群には葉色や収穫部位の形状が異なる多くのタイプが存在し、原産地は西ヨーロッパ（イタリアからフランスにかけての地域）とされている。生産量の多いイタリアではラディッキオ・ロッソと呼ばれ、日本で「トレビス」と呼ばれる丸く結球するキオッジャ、やや半結球性の「ヴェローナ」、半結球性の系統トレヴィーゾの早生種「プレコーチェ」と晩生種「タルディーボ」、クリーム色の葉に赤色の模様が混ざる「カステルフランコ」の5つが主要な栽培系統といわれる（図2－1）。多くが20世紀初頭までにヴェネト州で改良栽培され、現在も同地方での生産が盛んである。

緑チコリーは、葉に赤色を含まない種類のチコリーである。本書では、緑チコリーの一種「カタローニャ」の若芽（花茎）を食べる珍しいタイプのチコリーであるプンタレッラを取り上げる。

第3章

トレビスの育て方

❶ トレビスの魅力

色合い鮮やか、おしゃれなサラダ野菜

トレビスは赤チコリー、いわゆるラディッキオ・ロッソの仲間。いちばんの特徴は、鮮やかな赤色ときれいな白色が映える彩りである（写真3－1）。トレビスは玉レタスのような丸型の結球野菜であるが、日本のスーパーや八百屋さんで丸いままの姿を見かけることは非常に稀で、普段目にするのはレストランで出てくるサラダなどの中の赤い葉野菜としてである（写真3－2）。

苦みを生かしたさまざまな料理が初夏と初冬に楽しめる

トレビスを含むほとんどのチコリー類の食味の特徴は、苦みである。筆者の居住する宮城県では5～7月の初夏、11～

写真3－1
鮮やかな赤色と白色が映えるトレビス

12月の初冬がトレビスの旬であり、県内産のトレビスを使った季節限定メニューを提供する料理店もある。料理はサラダが基本であるが、パスタやリゾットなどさまざまなメニューに利用されている。

2 トレビスとは

生まれはどこ？――原産地と来歴

トレビスは、西ヨーロッパ（イタリアからフランスにかけての地域）が原産地とされるキク科キクニガナ属のレッドチコリー系統群の中でも、丸く結球する部分を収穫して利用するタイプである。生産量の多いイタリアでは赤チコリーのことをラディッキオ・ロッソと呼び、このうち丸く結球するキオッジャ種のことを日本ではトレビスと呼んでいる。

トレビスとは日本国内での流通名であり、日本には１９８０年代に築地市場に輸入品が導入されてから徐々に認知され、

写真３－２
トレビス，フェンネル，ズッキーニ，トマトの入った冷製パスタ

その後国内でも栽培が始まったとされる。市場では1kg当たり300～400円で取引されている。

どんな育ち？――性状、生育特性

(1)高温長日でトウ立ち
――形態的特性、生育経過と球の肥大、花芽分化

種子は細長く四角い形状であまり均一な形はしておらず、白と茶が混ざった色をしている。大きさは、長さ2～3mm、幅と厚さは1mm程度、千粒重は1・2～1・6g程度とかなり小さい（写真3－3）。

種子の発芽には20～25℃が適温であり、適温であれば3～5日で発芽する。発芽後の生育初期は、葉柄が短く縮れの少ない形状をしており（写真3－4）、葉脈沿いがわずかに赤色を帯びる。生育期間は15～20℃のやや涼しい気候を好み、生育が進むと縮みの多い葉が発生し（写真3－5）、発芽後55～70日で株の中心部から丸い球ができ始め、90～105日

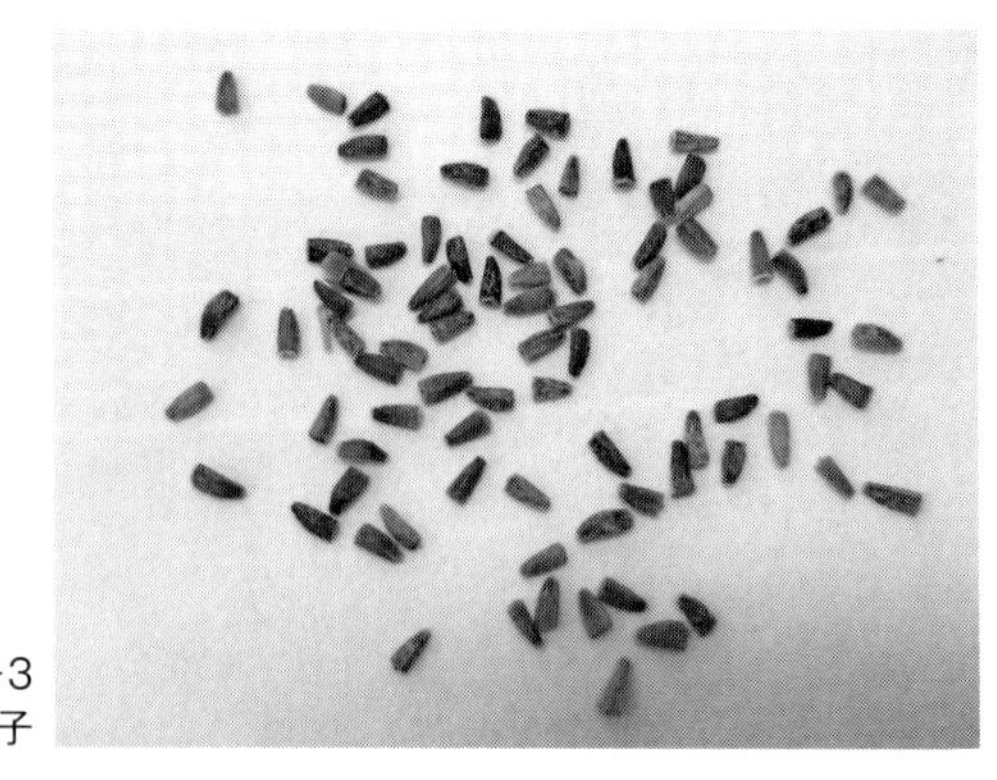

写真3－3
トレビスの種子

頃までに球部が大きくなり収穫時期となる（写真３－６、図３－１）。

一方、生育期間中に高温・長日条件に遭遇すると生長点で花芽が分化し、花茎が伸びる現象（抽苔、またはトウ立ち）が始まる。とくに６～８月が生育期間となる作型ではトウ立ちが起きやすく、それによって株が変形して商品にならない（写真３－７）。トレビスの栽培では、このトウ立ちを防ぐことが最大のポイントである。花茎は１～１・５ｍほど伸び、先端にきれいな青色の花弁を持つ筒状花が多数集合している形状となり、開花後はおよそ１日でしぼんでしまう。

写真3－4
トレビスの苗。はじめは葉に縮れがほとんどない

写真3－5
生育中は縮みの多い葉が増え，赤色を帯びる

写真3－6
結球して収穫期となった姿

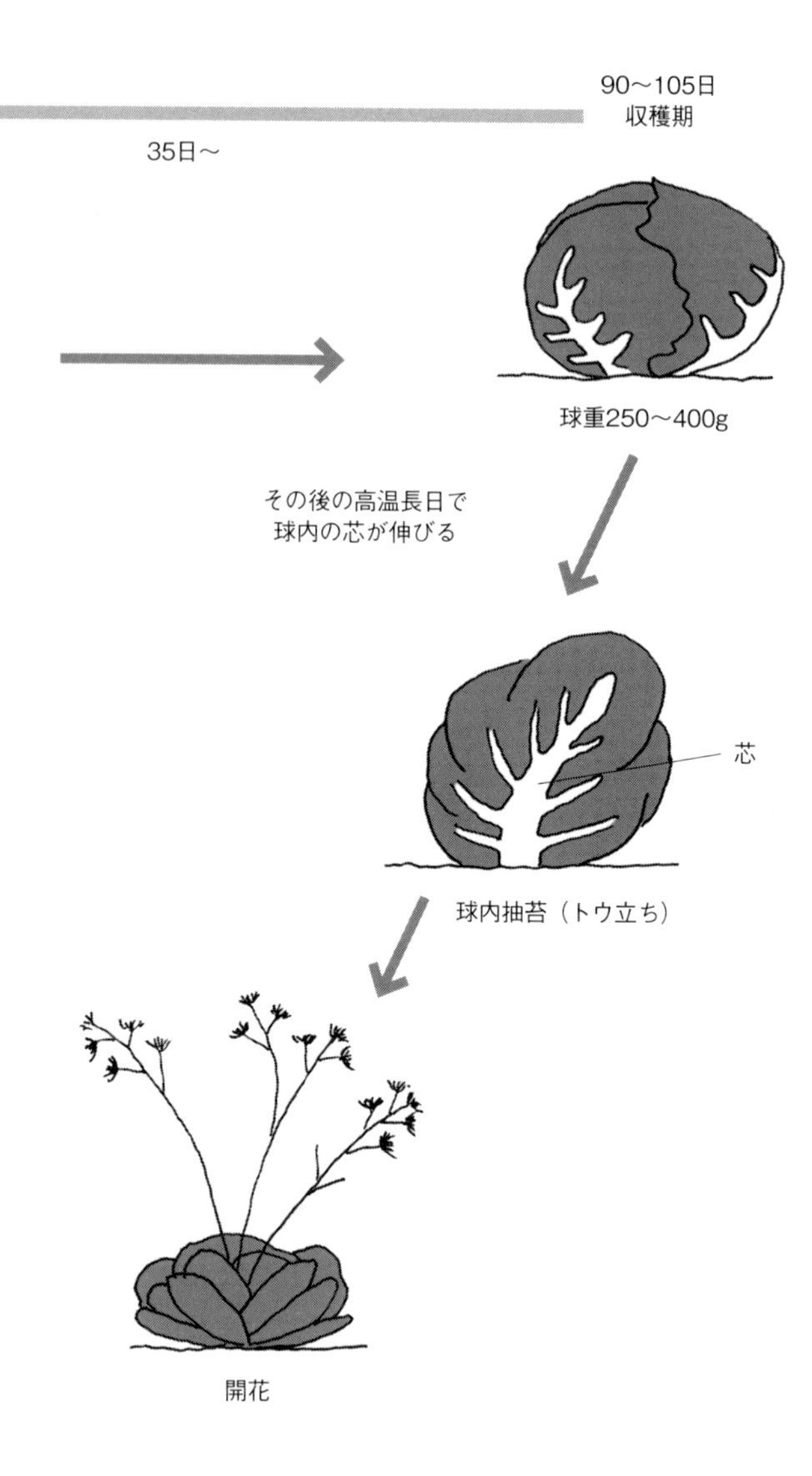

90～105日
収穫期
35日～
球重250～400g
その後の高温長日で
球内の芯が伸びる
芯
球内抽苔（トウ立ち）
開花

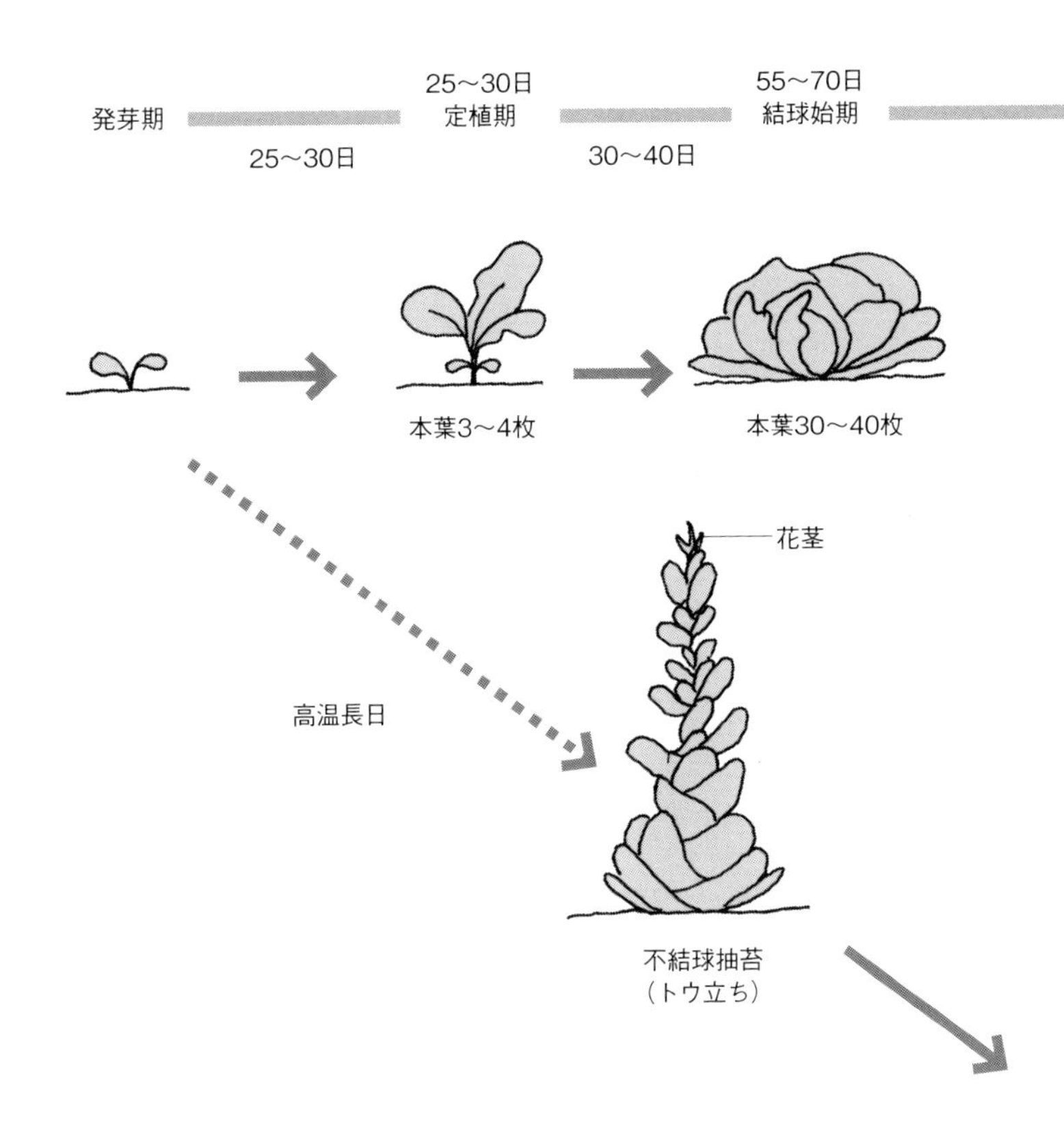

図3−1　トレビスの一生の形態的変化（中生品種）
春にまくと初夏に，秋にまくと年内に結球する。収穫しないでそのままにしておくと，春まきは夏の高温長日で，秋まきは翌春の高温長日で球内の芯が伸びて開花する。春まきでも定植が遅れた場合，秋まきでも早まきした場合は6～8月の高温長日に反応してトウ立ちしやすい

葉の赤色はアントシアニンが主成分であり、生育が進むと葉の葉脈付近から発色が始まり、やがて葉全体に広がる。外気温が低温になるほどアントシアニン生成は増加し発色が強まるため、春まき（収穫時期5～6月）に比べて秋まき（収穫時期10～12月）では赤色が濃くなる傾向がある。

(2)抗酸化成分が多い——栄養的特性

トレビスは、可食部100g（生食の場合）当たりエネルギー18kcal、水分含量94・1g、タンパク質1・1g、無機質としてナトリウム11mg、カリウム290mg、カルシウム21mg、ビタミンとしてβ-カロテン14μg、ビタミンK13μg、葉酸41μgを含んでいる（日本食品標準成分表2015年版（7訂））。ナトリウムはレタスや赤キャベツより多く、カリウムはレタスより多いが赤キャベツより少ない。それら無機質とビタミン類をバランスよく含んでいるといえる。ちなみに、トレビスの品種を育成しているトキタ種苗では、トレビスには抗酸化成分が多く含まれていることを特徴としてあげている。

写真3－7
高温・長日によって結球前にトウ立ちしてしまった畑

(3)中生がつくりやすい——品種（系統）とその特性

日本の種苗会社が育種開発したトレビス品種が、近年数多く発表されている（写真3－8、3－9、3－10、巻末の種子取扱業者問い合わせ先一覧参照）。発芽から収穫に至るまでのおおよその日数によって、極早生（75～85日）、早生（85～95日）、中早生～中生（95～105日）、晩生（110日以上）と分類するのが一般的で、なかでも中生が全国どこでも比較的つくりやすい。また、生育日数の長い品種ほど収穫時期のサイズが大きくなる。

写真3－8
TSGI-042（トキタ種苗）
定植後55日でとれる極早生種

写真3－9
TSGI-010（トキタ種苗）
全国でつくりやすい中生種

写真3－10
TSGI-084（トキタ種苗）
定植後140日で収穫に至る晩生種

❸ 育てるにあたって

初めて取り組む人へ

(1)排水性のよい圃場を選ぶ

トレビスの作付けを計画する圃場では、まずは排水性がよいかどうかを確認する。圃場の排水を妨げるいちばんの原因は、根が張る深さの近く（地下30～50cm）に水を通さないほど硬い層（耕盤）ができていることであり、もし圃場の排水が著しく悪い場合は、耕盤があると思われるので、作付け前に深耕やサブソイラなどによる心土破砕を行なって耕盤を壊し、排水性を改善しておくとよい。

(2)春まきは定植遅れ、秋まきは早まきでトウ立ち

まえにも述べたように、トレビスの栽培においてもっとも避けなければならないのはトウ立ちであり、発生しやすい時期の6～8月に生育期間がかかる場合は注意が必要である。春まきは生育途中から収穫時期までがトウ立ちに注意する時期であり、トウ立ち前に収穫する必要があるため、播種と定植が遅れないように注意する。秋まきは生育始めの時期がトウ立ちしやすく、早すぎる播種や定植はトウ立ちの原因になるため避ける。

すでに栽培している人へ

(1)生育日数の長い品種ほど大玉になる

食材としてのトレビスは、１球の大きさが大きいほど全体の利用割合が増え、歩留まりのよい商品となる。外葉を何枚かはずしたら小玉になってしまうようでは困るので、そうならないように大玉をつくりたい。とくに業務用販売では大玉が好まれる。栽培するうえでは定植から収穫まで期間が長い品種、つまり早生種よりも中生や晩生の品種のほうが１株の生育量が増えやすく、大玉になりやすい。

(2)レタス、シュンギクなどと連作しない

トレビスを含むチコリー類はキク科に属するため、同じキク科作物（玉レタス、非結球レタス類、ほかのチコリー類、シュンギク、ゴボウ、アーティチョークなど）と連作すると、外葉や結球部にカビのかたまりがつく菌核病などの病気の発生が懸念されるため、できるだけキク科以外の作物や緑肥作物との輪作を計画する。

4 育て方の実際

つくりやすい時期は？

まえに述べたように、トレビスの栽培ではトウ立ちを防ぐことが最大のポイントである。そのうえ

で、考えられる3つの作型について、それぞれの特徴とポイントを解説する。このうち、つくりやすいのは断然秋まきである。トレビスの発芽適温20～25℃、生育適温15～20℃を考えると、7～8月に播種して初冬に収穫する秋まきの生育がもっとも順調である。また、赤の発色がきれいなのも、気温が高い時期に収穫する春まきよりも、気温が低い時期に収穫する秋まきのほうである。

(1)春まき露地栽培

3月上旬から下旬に播種し、4月上旬から下旬に定植し、6月上旬から7月中旬にかけて収穫する作型で、生育期間が低温期から高温長日期にまたがる栽培となる。トレビスの特性からみるとつくりにくい作型ということになるが、春まきの収穫時期は初夏の頃であり、新鮮な野菜サラダが食べたくなる季節なので、トレビスを売り出すには格好の時期である。

●春は大苗で植える　トレビスは苗半作といっていいほど育苗が大事だが、とくに春は定植の時期の気温がまだ低く生育が遅れやすい。生育の遅れが収穫まで長引くとトウ立ちの危険が高まるため、できるだけ大苗で植えてスムーズに生育させたい。春作で大苗に育てるには加温あるいは保温が必要である。

●定植遅れでトウ立ち　収穫時期が夏場に差しかかるほどにトウ立ちの恐れがあるため、品種は極早生から中生が適応する。この作型においては定植が遅れるほど高温長日に遭い、トウ立ちの原因となるので定植は遅れないようにする。

●マルチで地温を抑える　地温が高いとトウ立ちや葉色の低下を招きやすい。生育中はマルチで地温を抑えることでトウ立ちや葉色低下をある程度回避できる。収穫物の重量は1株当たり250～300g程度が目標となる。

(2) 秋まき露地栽培

7月下旬播種、8月中下旬定植で10月下旬から11月下旬に収穫する作型である。

●早まきはトウ立ちの原因　秋まき露地栽培では、早い播種や早い定植はトウ立ちの原因になるため避ける。

●育苗期の高温、生育期の多雨に注意　育苗から定植時にかけて高温時期になるため、苗の徒長（苗の軸が伸びる状態）や高温乾燥で生育不良になりやすい。生育期は台風や秋雨などの降水量が多い時期にあたるため、圃場の排水性にとくに注意する。

●収穫遅れで凍害　収穫時期に外気温0℃以下になると凍害が起きるので、収穫が遅れないように、定植から収穫まであまりにも時間のかかるような晩生品種は避ける。

●球は重くなり、赤色が濃くなる　秋まきは結球部の肥大に時間がかかってぎっしり詰まった球になるため、結球重は春まきよりも重くなる傾向にあるので、1株当たり重量は300～500g程度を目標とする。低温ほど赤色色素成分のアントシアニン生成が増えるため、葉色も赤色が濃くなる傾向がある。

(3)秋まきハウス栽培

本作型は、8月上旬播種、9月上旬定植で11月上旬以降に収穫する作型である。

●早まきでトウ立ち　栽培のポイントは、早い播種や早い定植によるトウ立ちを避けること、生育中の乾燥による生育不良を防ぐことである。

●露地ものより大きくなり、苦みが少なくなる　ハウス栽培では生育中のかん水量を調節できるため、十分にかん水すれば収穫物のサイズは露地栽培よりも大きくなるので、1株当たり重量は400～500g程度を目標とする。また、露地栽培よりも施肥量を少なくしても土壌水分が安定していればスムーズに生育するため、トレビス特有の苦みを少なくすることができる。

春まき露地栽培

春まき露地栽培の栽培暦を図3－2に示した。

(1)播種・育苗（おもな作業の流れはプンタレッラ88ページ参照）

品種選定　春まきは生育途中から収穫時期にかけて高温期となってトウ立ちしやすい。したがって生育適期が秋まきよりも短いため、生育期間の短い極早生～中生の品種を選ぶ（巻末の種子取扱業者問い合わせ先一覧参照）。

播種準備　トレビスはそのまま畑に直まきすると、発芽が揃わなかったり、種子を多めにまく分の

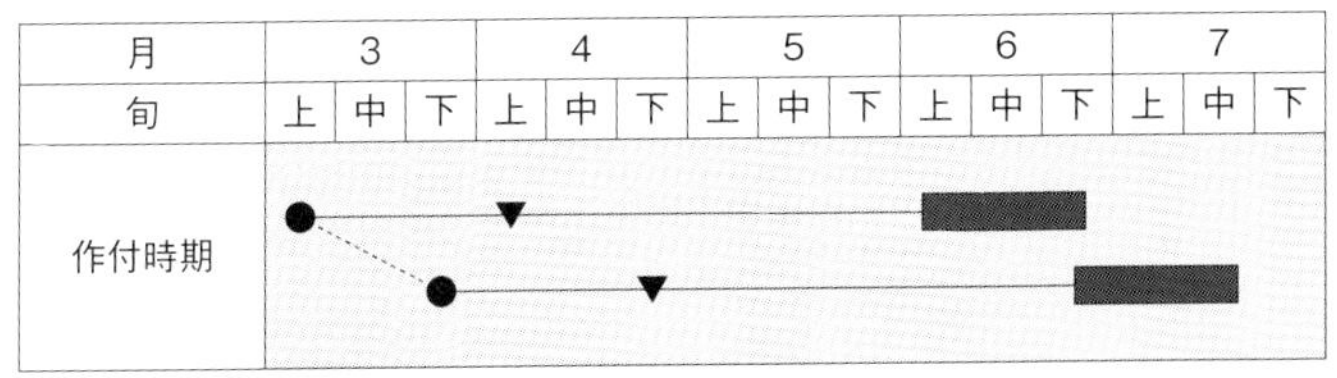

●播種，▼定植，■収穫

図3−2　春まき露地栽培の栽培暦（宮城県基準）

間引きが大変だったりするため、セルトレイで育苗してから畑に移植するほうが失敗しない。

春まきの育苗は大苗にしたいので培土量の多い128穴セルトレイで行ない（写真3−11）、セル育苗専用の市販培土（チッソ成分含量1ℓ当たり100〜250mg）を使う。育苗期間は低温期であるため温床による加温育苗とし、育苗ハウス内で農業用ビニールをトンネル被覆する

写真3−11
128穴のセルトレイ（手前）と播種穴あけ器（奥），播種板（右端）　（田中康弘撮影）

写真3−12
電熱マットを敷いた温床にセルトレイを置き，農業用ビニールをトンネル被覆して保温する

などの保温管理をする（写真3－12）。播種前日までにセルトレイに育苗培土をしっかり詰めて、セルから育苗培土があふれないように軽く押さえつけ、トレイ底から排水する程度にかん水してセル内培土に水分を持たせる。その後は表面が乾かないように濡らした不織布や新聞紙で被覆し、加温して培地温度を20～25℃にしておく。ここまでの作業を播種当日に行なうと、育苗培土から水分が抜け切らなかったり、培地温度が20℃よりも低いままになってしまったりするので、作業は播種前日までに終わらせておく。

播種　トレイ専用の播種穴あけ器、播種板（写真3－11参照）を使い、1セルごとに種子1粒をセルの中心に播種する。覆土は3～5㎜の厚さで均一にし、覆土が湿る程度の水量でかん水する。播種後は不織布などで被覆し、かん水は控えて適温を保つ。セルトレイの下から根が出ると根鉢ができず、地上部の徒長の原因にもなる。セルトレイを水稲の育苗箱に入れるなどして地面の土から離し、トレイの下に空間をつくるとよい。

育苗管理　育苗培土表面からわずかに出芽が見られたら、胚軸の伸長を進めすぎないように、速やかに被覆資材を取り除く。出芽後は、過度の乾燥や過湿を避ける。過度の乾燥は生育不良の原因となり、高温時に過湿となると立枯れ状の病害が発生することがある。また、徐々に培地温度を15℃程度まで下げる。

育苗期間中は、アブラムシ類、チョウ目害虫の発生予防のため、防虫ネットなどの被覆を行ない、多発生時は農薬散布する（農薬については110ページ参照）。定植1週間前からは徐々に外気にさらして外の環境に慣らす。育苗後半に葉色が淡くなった場合は、市販の液肥原液を500～1000倍に薄めてかん水代わりに与え、肥料切れさせないのがポイントである。

定植に適した苗質　本葉3～4枚、草高5～8cm、セルトレイから容易に引き抜ける程度に根鉢を形成し（写真3－13）、葉色は薄くなく、子葉が脱落していない状態の若苗を定植に使う（図3－3）。

(2)圃場準備、肥料施用とうね立て

圃場準備　前述の通り、排水のよい圃場を選ぶ。加えて、チコリー類の根は総じて地下深くまで伸びるので、土壌は最低でも20cmより深く根を張れる土層（作土深）があり、乾燥しすぎない程度の保水性があるとよい。

施肥　肥料は全量を定植前に施す。トレビスは定植してから55～70日くらいで収穫するので栽培期間があまり長くなく、うねにビニール被覆（マルチ栽培）するため追肥はしない。

トレビスの施肥は、土壌中のチッソ、

写真3－13
鉢土に根が適度に回った根鉢の状態。鉢土が崩れることなくセルトレイから容易に引き抜ける。写真はプンタレッラの苗

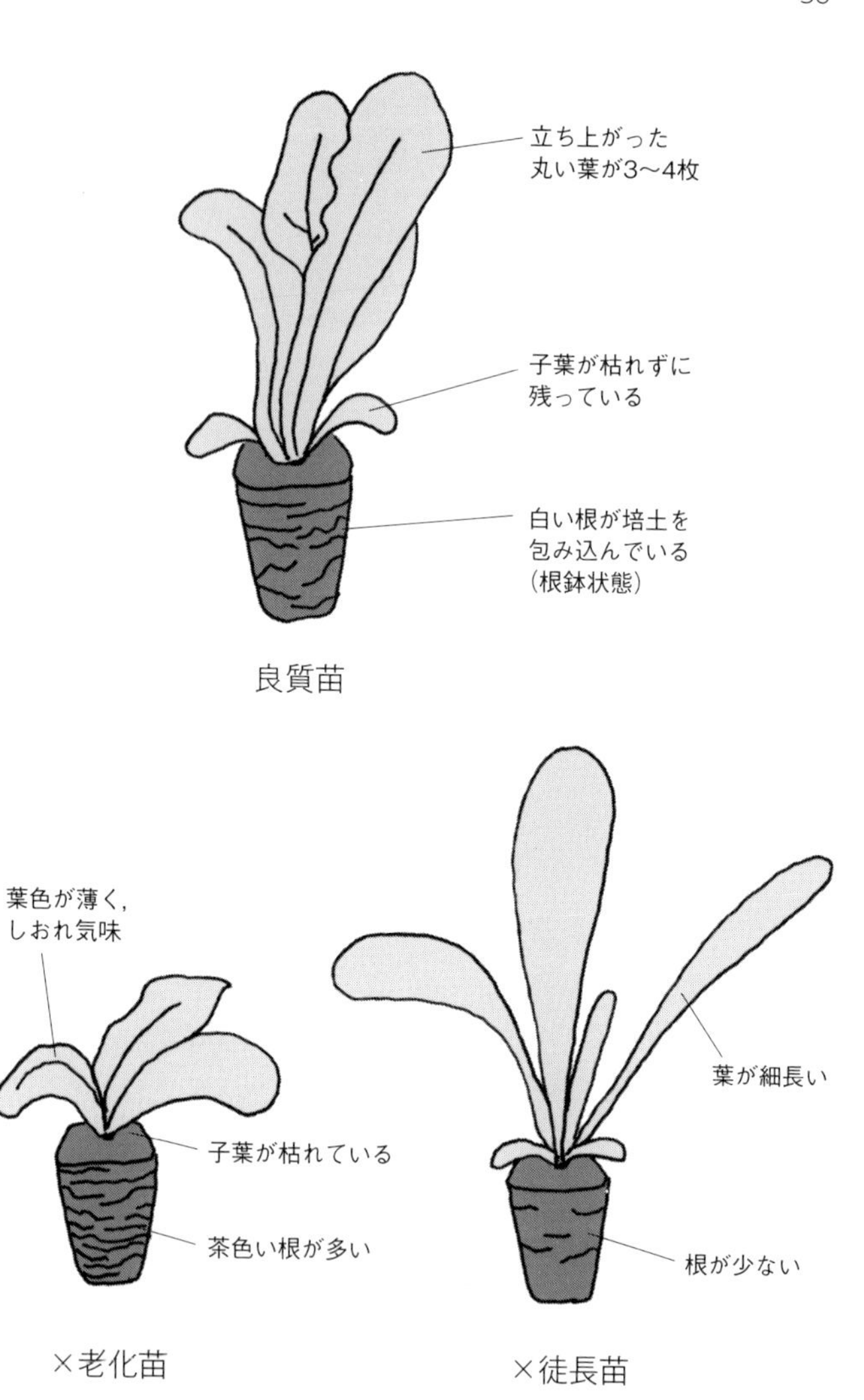
立ち上がった
丸い葉が3〜4枚
子葉が枯れずに
残っている
白い根が培土を
包み込んでいる
(根鉢状態)
良質苗
葉色が薄く，
しおれ気味
子葉が枯れている
茶色い根が多い
×老化苗
葉が細長い
根が少ない
×徒長苗

図3−3　トレビスの苗質

リン酸、カリ含量がそれぞれ1a当たり1・5kgとなるように、有機質中心の化成肥料（たとえば片倉コープアグリ㈱のスーパーMMB有機020）の施肥量を加減する。とくにチッソ成分が多いと、チッソを葉中にため込んで、収穫部の苦みが強くなる傾向がある。

作付け前には、できれば土壌分析を実施し、pH（土壌酸度）、EC（肥料含量の多少の目安）、チッソ、リン酸、塩基類（石灰や苦土、カリなど）、CEC（土の保肥力の大きさ）、塩基飽和度（CECに占める塩基の割合）などの化学性のほか、土壌硬度、土性区分、三相構造などの物理性を把握しておくとよい。土壌分析には簡易なpHメーターやECメーターなどが市販されているほか、くわしい測定はお住まいの都道府県の農業改良普及センターやJAが専用の機材を備えていることがあるため、問い合わせて依頼するとよい。

作付け1カ月前までには、堆肥や有機物（イナワラなど）を施用し、土壌の排水性、物理性を改善する。

土壌pHが低い（おおむね6・0以下）の場合は石灰資材を施用して矯正する。pH矯正は短期間では難しいため、継続して土壌分析と土壌改良を行なう。化成肥料はうね立て時に施用する。

うね立て　うね立てでは、本圃で栽培する際のうねサイズは、うね幅150cm、植え床（ベッド）幅80～90cm、うね高10～15cm程度がよい（図3－4）。排水性の改善が必要な圃場では、通路の排水とうねの沈み込みを考慮して、うね高をさらに5cm以上引き上げる。

生育促進や防草、地温抑制などのねらいで、マルチ栽培とする。マルチはうね立て作業後すぐに展張する。高温期に向かう作型のため、地温抑制効果のある白黒ダブルマルチ（白が上側）がもっともよい。アブラムシ類が多発する圃場では、シルバーマルチが効果的である。アブラムシは反射光を嫌うので飛来量が減る。うね立てとマルチ張り作業は、できるだけ風が弱く、土壌が適度に湿った状態のときに行なう。土壌表面とマルチが密着し、かつマルチはしわが寄らないようにしっかり張り伸ばし、風で飛ばないように裾を完全に土に埋める。

⑶定植

定植適期の苗の培土に十分に水分を含ませた状態で定植する。苗はうね上面に対してできるだけ垂直に、かつ胚軸と育苗培土表面を埋める程度の深さに植え付け（図３－５）、株の転倒を防ぐ。株が傾いたまま生

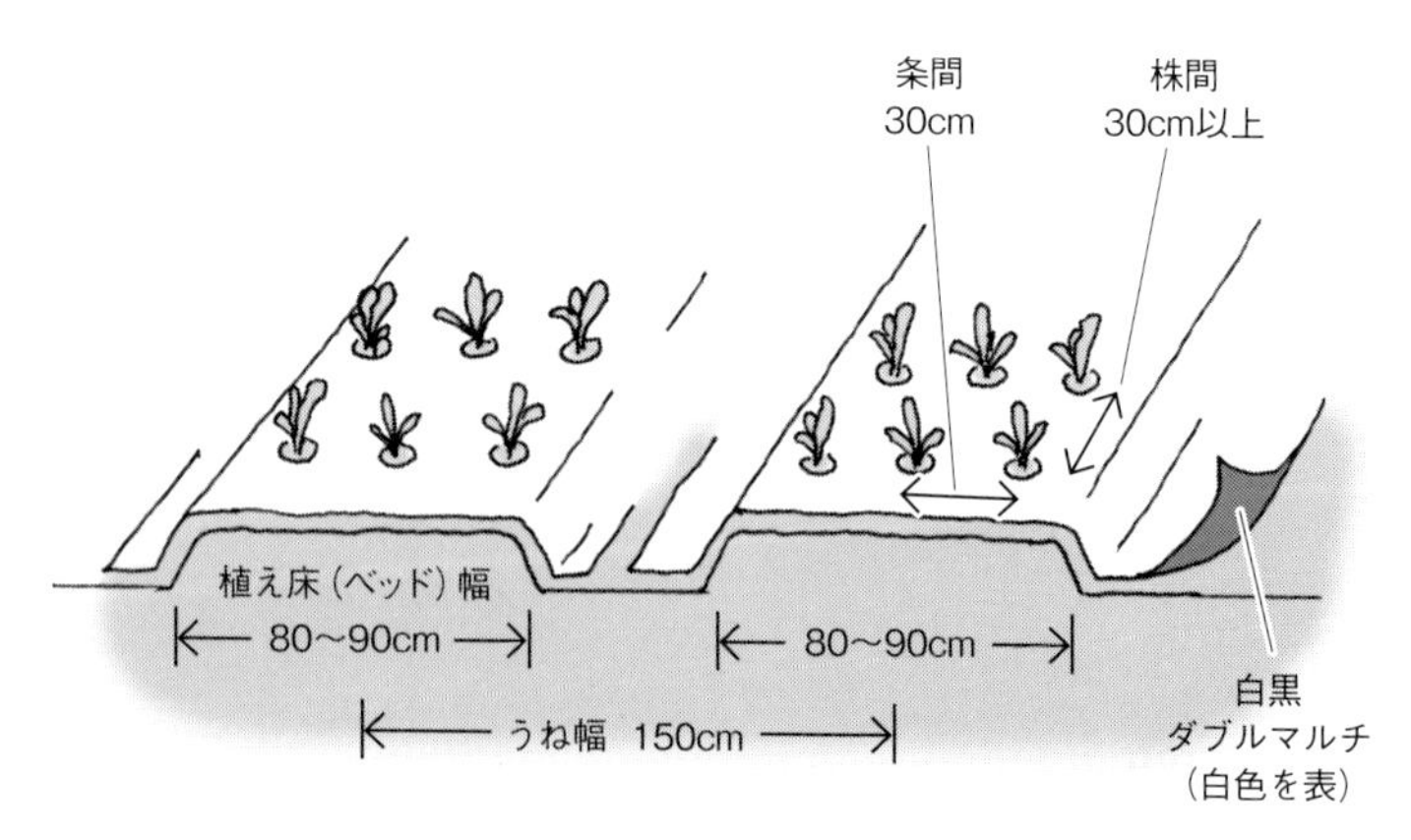

図3－4　トレビスのうねと植え付け方

育させると、収穫時に変形球となる。育苗培土が土壌表面に出るほどの浅植えだと、定植直後から乾燥による欠株の原因になる。また、トレビスは葉柄が短いロゼット状の出葉形態であるため、生長点が土に潜るほどの深植えも生育不良の原因となるため避ける。栽植様式は、植え床（ベッド）幅80〜90cmに3条植え、株間30cm以上、条間30cm程度を標準に植え付ける。

定植してから根が張って新葉が展開するまでに苗を乾燥させると生育にもっとも悪い影響が出るので、必要に応じてかん水する。定植後からチョウ目害虫やアブラムシ類が発生し、梅雨時期にかけては結球開始前から菌核病や腐敗病などが発生することがある。作物名「トレビス」または「野菜類」を対象に登録されている農薬を被害発生前から予防散布することを心がける。

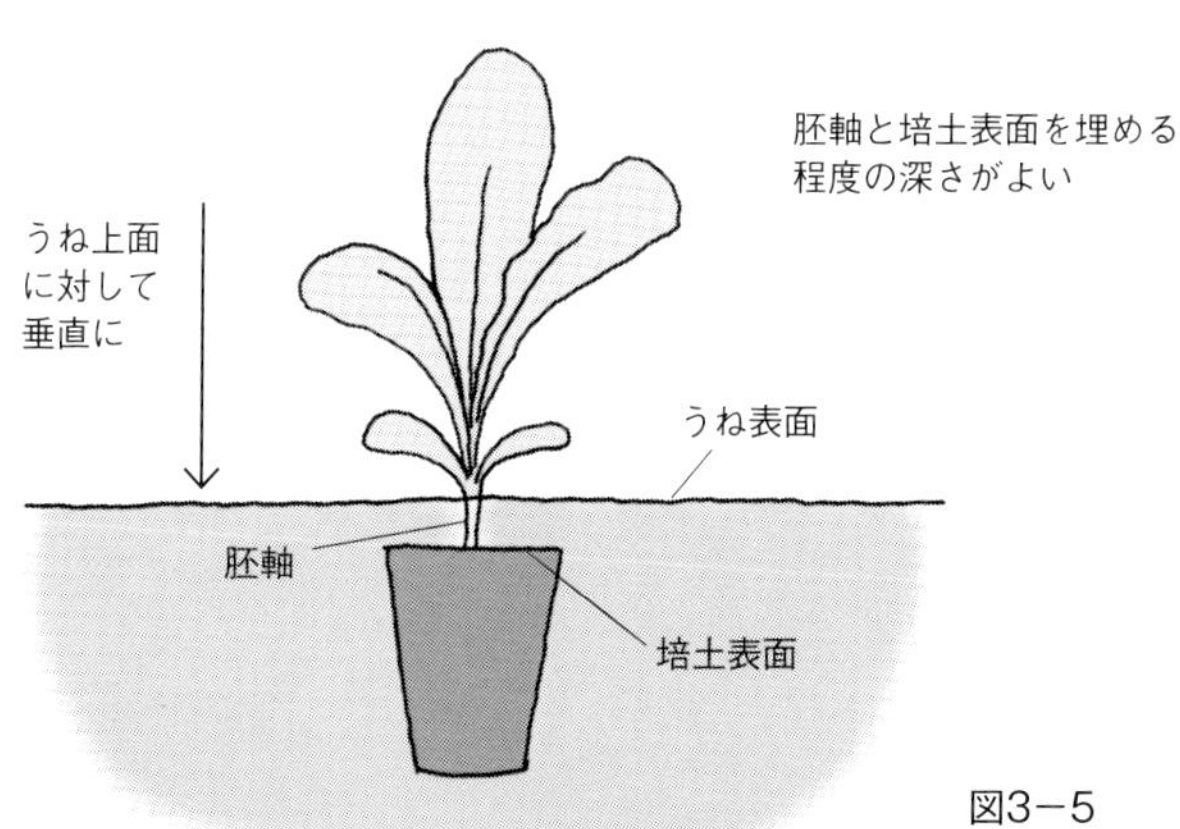

図3−5
トレビスの植え方

表3－1　春作露地栽培の収穫サイズ（2013年）

播種～定植（月／日）	収穫日（月／日）	品種	結球重（g）	球高（cm）	球径（cm）	縦横比	心長（cm）
3/15～4/15	7/6	TSGI-010	319.3	12.1	10.8	1.12	4.7
		レッドロック	312.5	12.5	10.7	1.17	4.4

⑷収穫・出荷

収穫適期の判断　トレビスは生育中には緑色に赤色が混ざった葉色をしており、結球内部は外観では確認しにくい。結球部を上から押してみて、ほどよく締まっている状態（やや芯の硬さを感じる程度）を収穫適期と判断する。結球がゆるい状態では球内部に隙間が多いため、球重が軽く、収穫するには早すぎる。一方、結球肥大が進みすぎると球内部で芯が伸び、葉色が全体に薄くなり、葉先枯れなどの生理障害が発生しやすく、調理時に葉が剥がれにくくなる。

収穫調製　春まきでの収穫時の結球重は、品種にもよるが、おおむね1株当たり250～300g程度が目標である（表3－1）。収穫作業では、結球部分を切り離したあとに緑色と赤色が混ざっている外葉（口絵⑵参照）を2～3枚取り除き、内部の葉脈が軟白された葉が球表面に出るように調製する（口絵⑴参照）。結球基部の切り口からは乳汁が出てくる。そのままにしておくと、ほかの球に付着して汚れるため、ひっくり返してよく乾かす。

秋まき露地栽培

秋まき露地栽培の栽培暦を図3－6に示した。

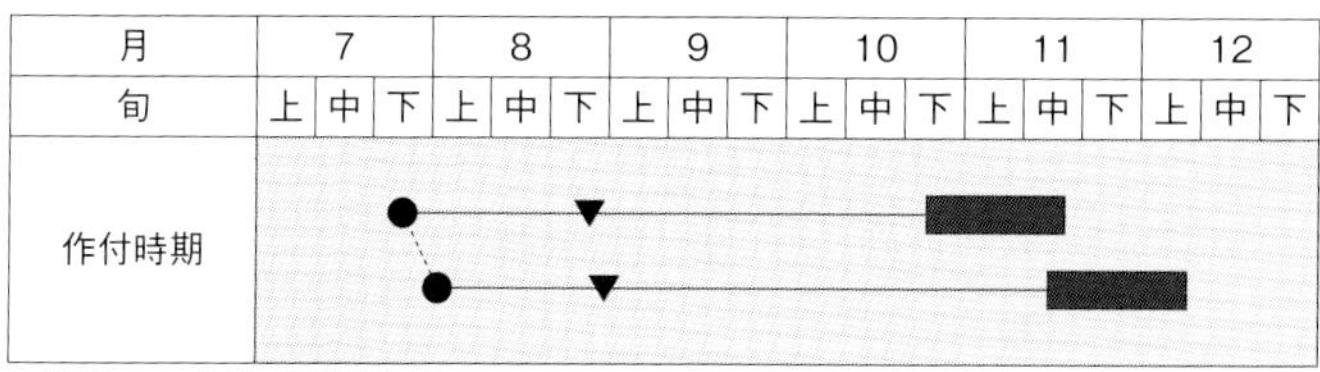

●播種，▼定植，■収穫

図3－6　秋まき露地栽培の栽培暦（宮城県基準）

⑴ 播種・育苗

品種選定　春まき露地では収穫時期にトウ立ちの危険性があるため生育期間の長い品種は使えなかったが、秋まき露地ではもっと幅広く品種が使える。目標の収穫時期に合わせて、収穫までの生育日数が異なる極早生～晩生の品種を組み合わせて使う。

播種準備　気温の高い秋まきの育苗では春まきほど大苗を意識しなくてもよいため、１２８穴または２００穴セルトレイで行ない、セル育苗専用の市販培土（チッソ成分含量１ℓ当たり50～２００mg）を使う。育苗期間は生育には高温であるため、育苗ハウスに遮光資材を展張するなど、高温対策をする。播種前日までにセルトレイに育苗培土を充填し、軽く鎮圧したあと、トレイの底から余分な水分が排出する程度にかん水して、表面が乾かないように被覆資材をかけておく。

播種　トレイ専用の播種穴あけ器、播種板を使い、１セルごとに種子１粒をセルの中心に播種する。覆土は３～５mmの厚さに均一にし、覆土が湿る程度の水量でかん水する。播種後は寒冷紗などで被覆して乾燥と直射日光による培地温の上昇を防ぐ。

育苗管理　夏場の育苗は播種時から培地温が高い状態であるため、徒長しやすいので、育苗培土表面からわずかに出芽したら、すぐに被覆資材を取り除いて光と風を当てる。

出芽後は、気温が高いと乾燥しやすく、培地温を下げるために多量にかん水しがちになるが、徒長や立枯病の原因になるほどの過湿にならないように水量を調節する。

育苗期間中は、アブラムシ類、チョウ目害虫の発生予防のため、防虫ネットなどで被覆する。定植1週間前からは、できれば育苗ハウスから出して外気温に慣らす。定植までに苗が肥料切れの状態にならないように、育苗後半に葉色が淡くなったら、春まきと同様に液肥を使って必ず追肥する。

定植に適した苗質　本葉3～4枚、草高5～8cm、セルトレイから容易に引き抜ける程度に根鉢を形成し、葉色は薄くなく、子葉が脱落していない状態の若苗を定植に使う。

(2)肥料施用とうね立て

施肥　施肥量の設計は土壌分析値をもとに行なうのが望ましい。肥料施用は元肥時のみであるが、生育期間が長い中生～晩生品種を使う場合は緩効性肥料などを使用し、1a当たりチッソ、リン酸、カリの土壌中含量がそれぞれ1・5～1・8kgとなるように施用する。堆肥や土壌改良資材に含まれる成分量も考慮する。

うね立て　本圃で栽培する際のうねサイズは春まきと同様に、うね幅150cm、植え床（ベッド）幅80～90cm、うね高10～15cm程度がよい。秋まき露地栽培は台風や秋雨による長雨の影響を受けるため、水はけの悪い圃場では、通路の排水とうねの沈み込みを考慮して、うね高をさらに５cm以上引き上げる。

生育を安定させるにはマルチ栽培がよい。マルチはうね立て作業時に同時に展張する。高温期に定植する作型のため、春まきと同様に地温抑制効果のある白黒ダブルマルチ（白が上側）がもっともよい。アブラムシ類が多発する圃場では、シルバーマルチが効果的である。

(3)定植

定植　春まき同様、定植適期の苗の培土に十分に水分を含ませた状態で定植する。昼間はマルチ表面やマルチと土壌の間の空気が高温になるため、定植は夕方または朝に行ない、定植後はかん水して苗の乾燥をできるだけ防ぐ。苗は土壌に対して垂直に、かつ胚軸と育苗培土表面を埋める程度の深さに植え付け、株の転倒を防ぐ。栽植様式は、植え床（ベッド）幅80～90cmに３条植え、株間30cm以上、条間30cm程度を標準に植え付ける。

定植後管理　完全に活着し、新葉が展開するまでは乾燥させず、必要に応じてかん水作業を行なう。定植直後からチョウ目害虫やアブラムシ類などの害虫が発生するほか、長雨時期から気温が低下する秋にかけては腐敗病や菌核病が発生することがあるので、作物名「トレビス」または「野菜類」を対象に登録されている農薬で予防する（農薬については110ページ参照）。

表3−2　秋作露地栽培の収穫サイズ

播種～定植（年／月／日）	収穫日（月／日）	品種	結球重（g）	球高（cm）	球径（cm）	縦横比	心長（cm）
2011/7/21～8/24	11/4	レッドロック	356.6	10.4	12.4	0.84	1.9
2013/7/24～8/22	12/9	TSGI-010	454.1	12.3	13.4	0.92	3.2

(4) 収穫・出荷

収穫適期の判断　春まき同様、結球部を上から押してみて、ほどよく締まっている状態（やや芯の硬さを感じる程度）を収穫適期と判断する。秋まきでは、結球肥大期以降はトウ立ちによる歩留まり低下はあまり心配ないが、収穫時期が遅れると球内部がぎっしり詰まりすぎて、葉先枯れなどの生理障害の発生や調理時に葉が剥がれにくくなるなどの品質低下の原因になる。また、外気温が0℃付近まで低下すると、外葉の傷んだ部分が腐敗する寒害症状が現れるため、それまでに収穫を終えるようにする。

収穫調製　秋まきは生育期間を長くとれるため春まきよりも結球重が重くなる傾向がある。品種にもよるがおおむね1株当たり300～500g程度のサイズが可能である（表3−2）。また、気温低下によってアントシアニンの発生が増え、赤色が濃くなる。

秋まきハウス栽培

秋まきハウス栽培の栽培暦を図3−7に示した。

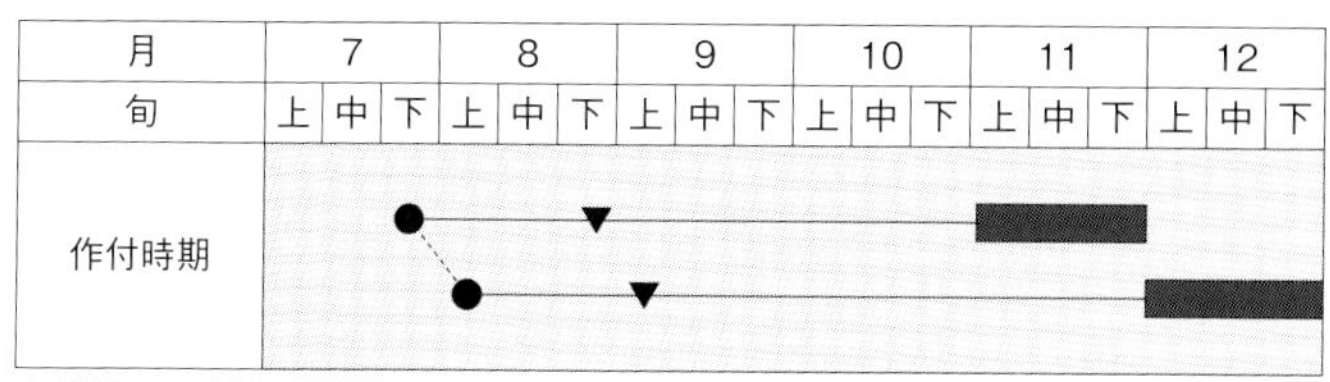

図3－7　秋まきハウス栽培の栽培暦（宮城県基準）

(1) 播種・育苗

品種選定　ハウス栽培では保温できるため秋まき露地より収穫期間を冬季まで長くとれ、十分にかん水すれば大きいサイズの収穫をねらえるため、大玉になりやすい中生～晩生品種を使うとよい。

播種・育苗　秋まき露地栽培と同様に行なう。ハウス栽培のため、育苗ハウスから出したあとの慣らしは必ずしも必要ない。

(2) 肥料施用とうね立て

施肥　施肥量の設計は土壌分析値をもとに行なうのが望ましい。露地栽培と違って肥料の流出が少ないため、1a当たりチッソ、リン酸、カリの土壌中含量はそれぞれ1・0～1・5kgとなるように施用する。堆肥や土壌改良資材に含まれる成分量も考慮する。

うね立て　本圃で栽培するうねサイズは春まきや秋まき露地栽培と同様に、うね幅150cm、植え床（ベッド）幅80～90cm、うね高10～15cm程度がよい。ハウス内土壌全体に十分に水分を与えてから耕うん、施肥、うね立てを行なう。マルチ被覆は必ずしも必要ではないが、かん水チューブなどのかん水装置を設置し、ハウス内の乾燥を防ぐ。

表3－3　秋作ハウス栽培の収穫サイズ（2011年）

播種～定植（月／日）	収穫日（月／日）	品種	結球重（g）	球高（cm）	球径（cm）	縦横比
8/4 ～ 9/2	11/15	トレビノ	508.3	12.3	12.7	0.97
		TSGI-011	510.0	11.1	12.5	0.89

⑶定植と管理

栽植様式は春まきや秋まき露地栽培と同様に、うね幅80～90cmに3条植え、株間30cm以上、条間30cm程度を標準に植え付ける。生育期間中は、適宜かん水作業を行ない、乾燥を防ぐ。

ハウス間口に防虫ネットを展張するなどして、チョウ目害虫やアブラムシ類などの害虫発生を防ぐ。

⑷収穫・出荷

ハウス栽培でも、ハウスの中の気温が0℃付近まで低下すると、外葉が傷んだ部分から腐敗する寒害症状が現れるため、それまでに収穫を終えるようにする。秋まきハウス栽培は露地栽培よりも結球重が重くなる傾向があり、品種にもよるが1株当たり400g以上のサイズが可能である（表3－3）。また、赤色がきれいに発現するうえ、十分にかん水して大玉に生育させると、食べたときの苦みを少なくすることができる。

第4章

タルディーボの育て方

1 タルディーボの魅力

露地で色合い鮮やか、冬の高級イタリア野菜

赤チコリー（ラディッキオ・ロッソ）の中でも、とりわけ美しい色彩が特徴である（写真4－1、口絵(3)）。その生産工程は、露地栽培とその後の水耕栽培（軟白処理）を経て完成に至ることが最大の特徴である。イタリアでは冬の高級野菜として知られている。

軟白処理によってほのかな甘みが生まれる

食味は、チコリー類としての苦みももちろん感じられるが、軟白処理によってエグみが抜かれ、ほのかな甘みを感じるものとなる。食べ方はサラダが基本であるが、グリル（網焼き）やロースト（オーブンによる蒸し焼き）をすることでさらに甘みを引き立たせるメニューも多い。

写真4－1
細長い葉が赤と白で彩られてとても美しいタルディーボ*

1kg当たり3000円もの高単価

農作物としての魅力は、比較的軽量な葉菜類であり、なおかつ高単価を期待できること。輸入したイタリア産のタルディーボ1個は、根軸を含む100〜150gの大きさで1kg当たり3000円もの価格で取引されることがあり、国産品も相応の値段で取引されるケースもある。宮城県では平均すると、1kg当たり1700円〜1800円である。

❷ タルディーボとは

生まれはどこ?——原産地と来歴

タルディーボも前出のトレビス同様、キク科キクニガナ属の赤チコリー（レッドチコリー系統群）に属し、原産地は西ヨーロッパ（イタリアからフランスにかけての地域）とされている。

赤チコリー（レッドチコリー系統群）は、生産量の多いイタリアではラディッキオ・ロッソと呼ばれ、葉色や葉の形状が異なるさまざまなタイプが存在する。タルディーボは、半結球性の系統トレヴィーゾの晩生種であり、ラディッキオ・ロッソの中でも細長い葉と極めて鮮やかな葉色（赤色と白色のコントラスト）が美しく、もっとも価値の高い系統と評価されている。

タルディーボの主産地であるイタリア北部のヴェネト地方では、冬季に小屋の中に山からの湧き水を引いて軟白処理をすることで美しく鮮やかな葉色に仕上げており、その独特な栽培方法も商品価値を高めている。

日本国内でタルディーボを複数の生産者で生産・出荷する産地はほとんど存在せず、国内に流通するタルディーボは個人生産者によるものは一部だけで、その他大部分は輸入品（イタリア産）で占められているのが現状である。

どんな育ち？――性状、生育特性

種子は細長く四角い形状で、長さ1・5～3㎜、幅と厚さは1㎜弱、千粒重は1・0～1・5g程度である。発芽適温は20～25℃、発芽後の生育初期時から葉はタンポポのように茎が短いので根から出ているように見える。細長く縮れのない葉であり（写真4－2）、葉脈は白色で葉は緑色であるが、葉はわずかに赤色を発色する個体もある。生育が進むと細長く縮れのない葉が多数発生し、発芽後90～120日で葉数50～80枚ほどになる（写真4－3）。根部は主根が発達する直根性を示し、軟白処理期間中には水中に数週間浸漬した状態でも腐敗せずに活動し、地上部を生育させる。

一方、発芽後に高温・長日条件に遭遇すると生長点で花芽分化し、トウ立ちが始まる。花茎は1～1・5mほど伸び、先端に青色の花弁を持つ筒状花が多数集合している頭状花序であり、開花後はおよそ1日でしぼんでしまう。

葉の赤色はアントシアニンが主成分であり、生育中におおむね日平均気温5℃以下の低温条件に遭遇すると、葉から発色が始まり、やがて葉全体に広がる。外気温が低温になるほどアントシアニン生成は増加して発色が強まるため、宮城県の平野部では初冬（12月上旬）から発色が始まり、厳寒期（1～2月）にかけて赤色が濃くなる傾向がある。

写真4－2
苗のときの葉はほぼ緑色

写真4－3
生育が進むと細長い葉が多数発生し，赤色を発色する

3 育てるにあたって

初めて取り組む人へ

(1)冬の目玉野菜

タルディーボの魅力は、その色彩と細い葉からなる美しさである。栽培したものを軟白処理しないと仕上がらないこともあって、イタリアでは冬の高級野菜として価値を認められている。

(2)栽培は輸入種子を購入する

2019年3月時点では、日本国内の種苗メーカーの育種による品種はない。栽培にはウェブ上や通信販売で購入できる輸入種子を利用する（巻末の種子取扱業者問い合わせ先一覧参照）。

(3)栽培は大きく「株養成」と「軟白処理」に分かれる

まえに述べたように、栽培は2段階に分かれ、植物体を大きくする過程「株養成」と、その株をいったん掘り上げてハウスに移し、光を当てずに水耕栽培することで品質を向上させる工程「軟白処理」を経て初めて仕上がる。タルディーボは最初からきれいな赤色をしているわけではなく、株養成の終盤に気温が下がってきてから徐々に葉に赤色を帯びる。さらに軟白処理をすることで赤と白の鮮やかな野菜となるのである。

すでに栽培している人へ

⑴早まきによるトウ立ち、分げつ発生を避ける

すでに栽培したことのある人は、できるだけ大株のタルディーボをつくりたいと考えるだろう。1株の生育量をなるべく増やそうとすると、早く播種・定植したくなるが、あまりに早い播種はトウ立ちの発生や生育後半の分げつを助長してボリュームが不足する。適切な作型で栽培することが品質維持に重要である。

⑵軟白処理はハウスの中で水耕栽培

タルディーボを軟白処理する際、水温があまりに低いと、新葉の伸びが鈍く小さい株に仕上がってしまう。処理期間の平均水温は10～15℃が適温であり、寒冷地で冬季にその温度を確保するにはハウス内で軟白処理する。

育て方の実際

つくりやすい時期は？

秋まき株養成、冬に伏せ込み　宮城県の生産例では、7月中下旬播種、8月中下旬定植、12月中旬以降に掘り上げ、1月上旬から3月上旬まで収穫する作型で栽培している（図4－1）。

まえに述べたように、タルディーボの栽培過程は、播種・育苗後に露地圃場に移植して行なう「株養成」と、圃場から掘り上げてハウス内に持ち込んで水耕栽培で行なう「軟白処理」の2工程に分かれる。以下にくわしく解説する。

秋まき冬伏せ込み栽培

(1)播種・育苗

種子　まえに述べたように、国内の種苗メーカーによる育成種子はないので輸入種子を使用することになる。輸入種子ではよくあることだが、その葉数、葉の長さと幅、生育初期からの赤色の発色の有無、生育途中から葉が中心に集合するような立性になるかロゼット状かなどは均一ではない場合が多い。だが、軟白処理後の形態は総じて良好である。

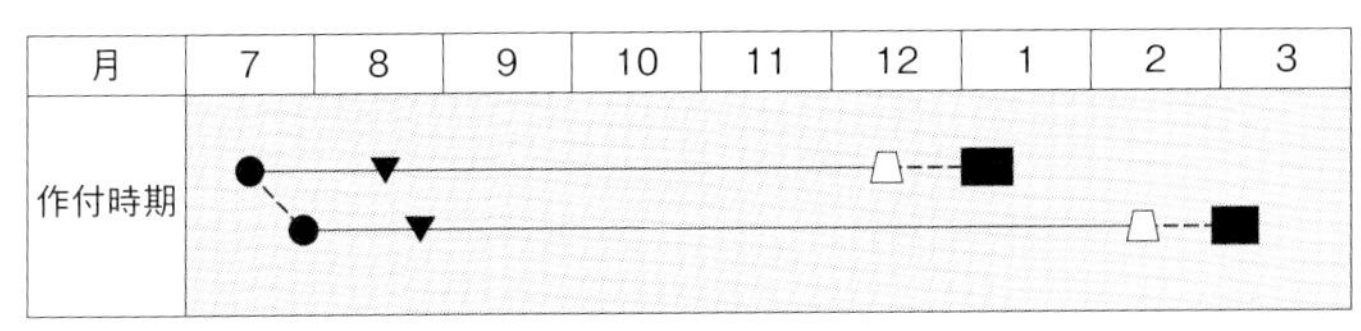

図4－1　タルディーボの栽培暦（宮城県基準）

播種準備　育苗は128穴セルトレイで行ない、セル育苗専用の市販培土（チッソ成分含量1ℓ当たり100～200mg程度）を使う。育苗期間は生育には高温であるため、育苗ハウスに遮光資材を展張するなど、高温対策をする。播種前日までにセルトレイに育苗培土を充填し、軽く鎮圧したあと、トレイ底から余分な水分が排出する程度にかん水して、表面が乾かないように被覆資材をかけておく。

播種　1セルごとに種子1粒をセルの中心に播種する。覆土は3～5mmの厚さで均一にし、覆土が湿る程度の水量でかん水する。播種後は寒冷紗などで被覆して乾燥と培地温の急激な上昇を防ぐ。

育苗管理　高温時の育苗は苗が徒長しやすいため、育苗培土表面からわずかに出芽したら、すぐに被覆資材を取り除く。出芽後は、気温が高いと乾燥しやすく、培地温を下げるために多量にかん水しがちになるが、徒長や立枯病の原因になるほどの過湿にならないように水量を調節する。

育苗期間中は、アブラムシ類、チョウ目害虫の発生予防のため、防虫ネットなどの被覆を行ない、発生時は農薬散布する。定植1週間前からは、できれば育苗ハウスから出して外の環境に慣らす。育苗後半に葉色が淡くなった場合は、液肥をかん水代わりに施用する。

定植に適した苗質　本葉３〜４枚、草高５〜８cm、セルトレイから容易に引き抜ける程度に根鉢を形成し、葉色は薄くなく、子葉が脱落していない状態の若苗を定植に使う。

(2)肥料施用とうね立て

施肥　施肥量の設計は土壌分析値をもとに行なうのが望ましい。タルディーボはトレビスに比べると施肥量を変えてもほぼ同じ大きさに生育するため、トレビスのように時期別の施肥設計をしなくてもよい。タルディーボの施肥は元肥のみを基本とし、１a当たりチッソ、リン酸、カリの土壌中含量がそれぞれ０・５〜１・０kgとなるように有機質中心の化成肥料を施用する。堆肥や土壌改良資材に含まれる成分量も考慮する。

うね立て　タルディーボはトレビスに比べて株が大きくなるため、うねは広めにつくる。露地圃場で栽培する際のうねサイズは、うね幅１５０cm、植え床（ベッド）幅90〜１００cm、うね高10〜15cm程度が適する（図４−２）。排水性の改善が必要な圃場では、通路の排水とうねの沈み込みを考慮して、うね高をさらに５cm以上引き上げる。生育促進や防草、冬季の掘り上げ作業時の土壌凍結防止などのねらいで、マルチ栽培とする。マルチはうね立て作業後すぐに展張する。高温期に定植する作型のため、白黒ダブルマルチ（白が上側）がもっとも適する。アブラムシ類が多発する圃場では、シルバーマルチが効果的である。

農文協出版案内
小さく稼ぐ本・DVD
2019.9

小さい農業で稼ぐ　フェンネル
川合貴雄・藤原稔司著

農文協
〒107-8668 東京都港区赤坂7-6-1
http://shop.ruralnet.or.jp/
(一社)農山漁村文化協会　TEL 03-3585-1142　FAX 03-3585-3668

小さい農業で稼ぐ フェンネル
トウ立ちを防いで大球をとるコツ

川合貴雄・藤原稔司著

978-4-540-18151-1

●1700円

甘い香りでファンを魅了するイタリア野菜の代表格・フェンネル。タマネギのように丸く肥大した株元をつくるコツ、品種などを解説。マリネやスープ、クリーム煮などのおいしい食べ方から売り方も紹介。

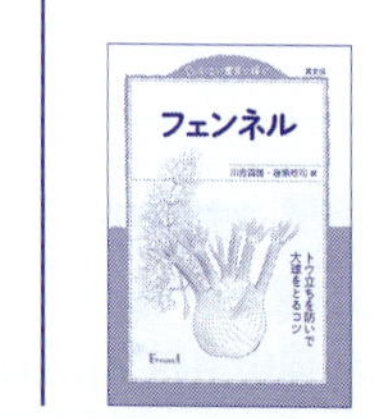

小さい農業で稼ぐコツ
加工・直売・幸せ家族農業で30a1200万円

西田栄喜著

978-4-540-15136-1

●1700円

バーテンダー、ホテルマンを経て「日本一小さい専業農家」（耕地面積30アール）に。1年を通じて野菜を野菜セットと漬物にしてネットを中心に販売。その野菜つくり・加工の技と売り方のコツを惜しげもなく公開。

小さい農業で稼ぐコツ
加工・直売・家族農業で30a1200万円

はじめてのイタリア野菜
60種の育て方と食べ方

藤目幸擴著

978-4-540-14233-8

●1800円

イタリア野菜60種の特徴、基本的な栽培の仕方、失敗しないコツ、おいしい食べ方までを紹介。新しくつくり始めたい人から、すでに栽培していて手がける品目を広げたい人まで幅広く活用できる本。

おいしい彩り野菜のつくりかた
7色で選ぶ128種

農文協編　藤目幸擴監修

978-4-540-16125-?

●1700円

「黒い大根、赤いオクラなんてあったのね！」直売所では思いがけない色や美しく華やかな野菜が人気です。さまざまな国で大事に育てられてきた野菜128種を7色に分け、畑でとれたての写真を中心に食べ方作り方を紹介。

おいしい彩り野菜のつくりかた

うね立てとマルチ張りはトレビスと同様に、できるだけ風が弱く、土壌が適度に湿った状態のときに行なう。土壌表面とマルチが密着し、かつマルチはしわが寄らないようにしっかり張り伸ばし、風で飛ばないように裾を完全に土に埋める。

⑶定植

定植適期の苗の培土に十分に水分を含ませた状態で定植する。苗はうね上面に対してできるだけ垂直に、かつ胚軸と育苗培土表面を埋める程度の深さに植え付け、株の転倒（変形球の原因）を防ぐ。育苗培土が土壌表面に出るほどの浅植えだと定植直後から乾燥による欠株の原因になる。また、タルディーボは葉柄が短く葉が根から出ているような形態であるため、生長点が土に潜るほどの深植えも生育不良の原因となるため避ける。栽植様式は大きくなる株に合わせ、うね上に3条千鳥植え、株間35cm、条間30cm程度を標準に植え付ける。

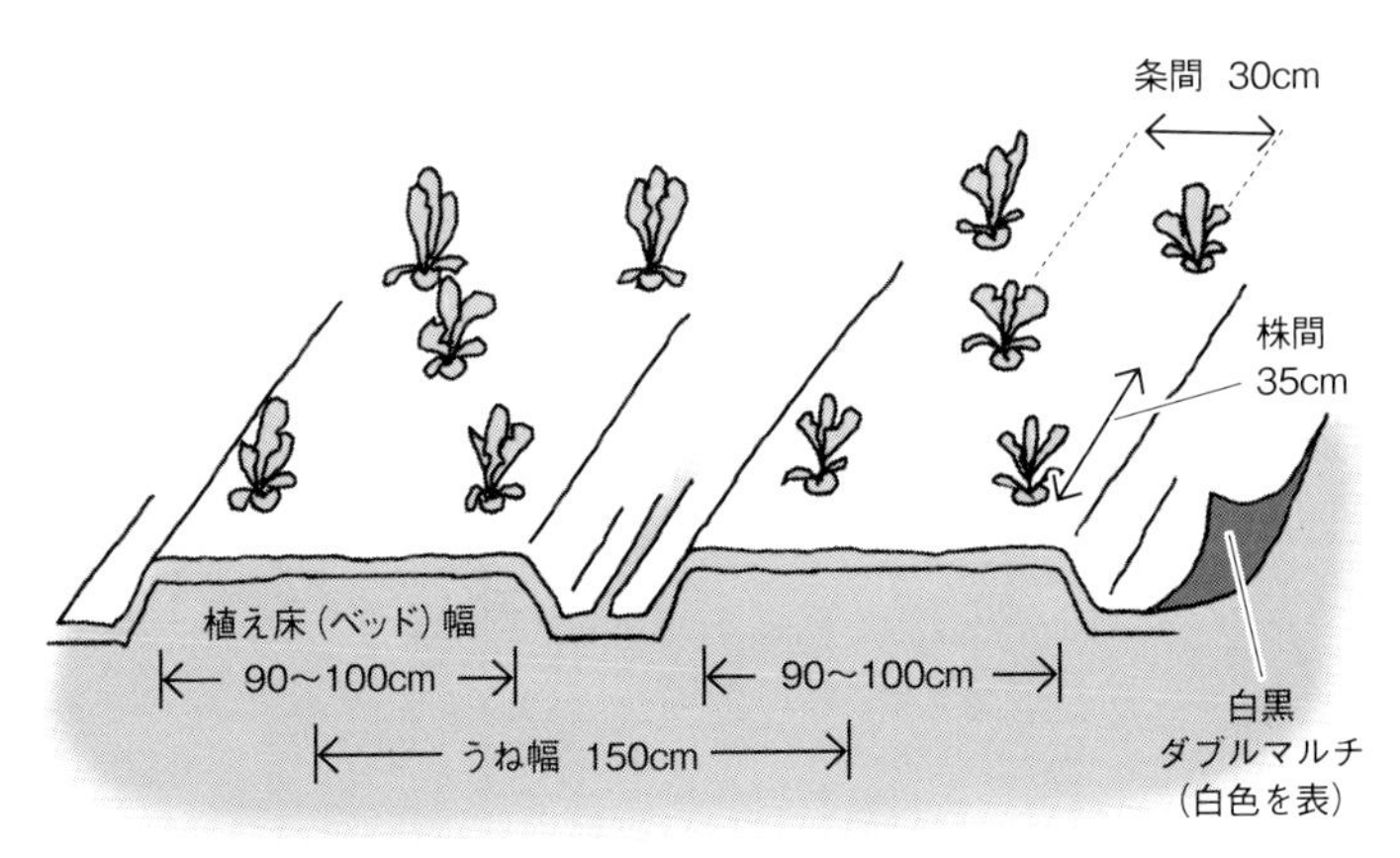

図4－2　タルディーボのうねと植え付け方

定植後に完全に活着し、新葉が展開するまでは乾燥を避け、必要に応じてかん水作業を行なう。チョウ目害虫やアブラムシ類が多発生する場合は、作物名「野菜類」を対象に登録されている農薬を散布する。

(4) 掘り上げ・軟白前調製

宮城県平野部では11月下旬頃から、日平均気温がおおむね5℃を下回る低温期に入るが、この頃からタルディーボの葉にはアントシアニンによる赤色の発色が始まる。タルディーボを圃場から掘り上げるのに適する時期は葉全体に赤色が見られる頃（12月中下旬）から赤色がわずかに薄くなる頃（2月中旬）である（口絵(3)参照）。

掘り上げ作業に専用の機械はなく、生産者はスコップを使って手作業で掘り上げているのが現状である（口絵(3)参照）。株周辺から垂直にスコップを差し、主根が15cm以上残るように掘る。掘り上げたあとは根部に付着している土壌を水洗いしてきれいに落とし、主根を15～20cm程度に切り揃える。地上部には50～80枚程度まで出葉しているが、多くの葉は軟白には必要ないため、株内部で直立した状態の20～30枚を残し、他の外葉は除去する。

掘り上げ作業にイモ類やアスパラガス根株の掘取機の利用を試みる場合は、主根が15cm以上残るように、掘り取りの深さに気をつける必要がある。また、うね上にマルチを展張しないで栽培すると、掘り上げ時に土壌表面が凍結して作業ができなくなる場合があるので、栽培には必ずマルチを使う。

(5) 軟白処理

宮城県内ではイタリアのヴェネト地方のように山の湧き水を栽培に利用することは環境条件的に難しい（山沿い地方は冬の気温がとくに低く、積雪が多い）。このため、軟白処理はハウス内で行なっている。

軟白処理には、主根を15～20cm程度に切り揃えた調製株を使う（写真4－4、4－5）。それらをバットや栽培槽（写真4－6）に直立するように並べ（写真4－7）、主根上部の出葉している位置

写真4－4
軟白処理時には，掘り上げた株の土を落とし，主根を15～20cm程度に切り揃える

写真4－5
主根を15～20cmに切り揃えた調製後の株。このときにはまだ緑色の葉も見られる

の数センチ下まで水を張り（図4－3）、根部を浸漬させて水耕栽培の状態にする。さらに栽培槽全体を遮光率100％に近い遮光資材などで密閉し、暗黒状態にする（写真4－8）。ここで直立させないと、軟白しているあいだに出てくる葉が湾曲する。また、水耕栽培中に出葉位置まで浸水してしまうと、基部から腐敗することがあるが、一方、水が少なすぎると根部が乾燥し、中心葉の生育が悪くなる。

以上のように、水耕・暗黒の状態で3週間程度株を静置する。このあいだに葉の緑色が抜け、さら

写真4－6
軟白処理に使う栽培槽

写真4－7
水位が揃うように立てて並べる

写真4－8
栽培槽を遮光資材で覆って暗黒状態にする

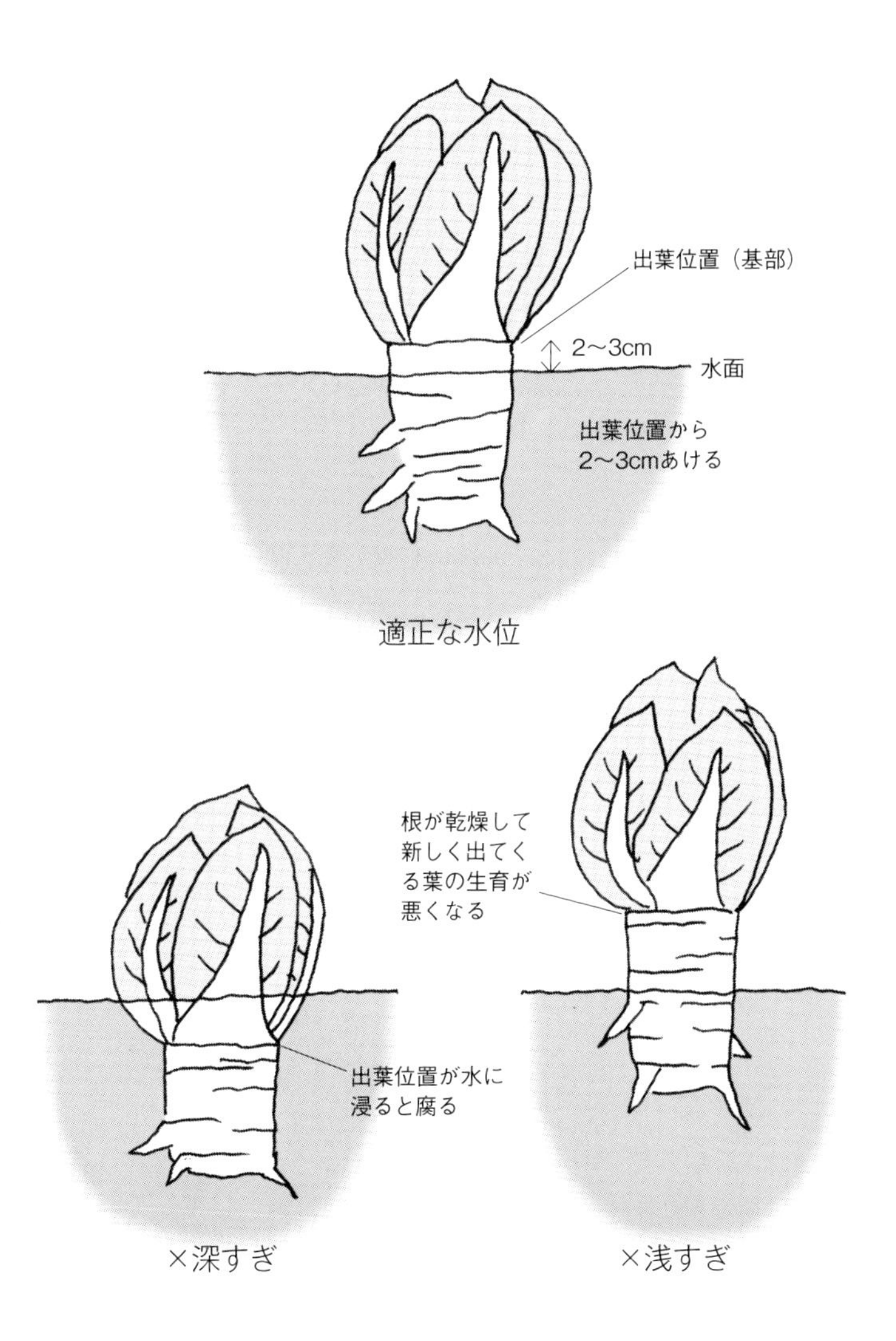

図4−3　タルディーボの軟白処理の水位

に主根からも新しく葉が出ることで、10〜20cm程度の葉が軟白される（写真4−9）。暗黒状態にわずかでも光が入ると、葉に緑色が残り、品質は低下する。

葉の長さは軟白処理期間中の水温に影響を受け、日平均水温10〜15℃程度で約3週間軟白処理すると、葉の長さ10cm以上、葉数20〜30枚、1株重100g以上の大きいサイズになる。一方、水温を15℃以上の比較的高い状態にすると、葉にカビや腐敗が発生することが多い。カビや腐敗は、軟白の前に主根を切り揃えるときに根部の土を十分に落としておくと軟白処理中の水がきれいに保たれて、発生を抑えることができる。

(6) 収穫・出荷

軟白処理は約3週間、長くても4週間程度で完了させる。処理期間が短いと葉の長さが短く、軟白が不十分で葉に緑色が残ることがある。処理が長すぎると中心葉から赤色が薄くなりはじめ、株全体が白くなる。

写真4−9
3週間ほどすると，葉の緑色が抜け，新葉も出て，鮮やかな赤と白の葉になる

表4－1 タルディーボ調製前後のサイズ（2010年）

播種日～定植日（月/日）	軟白処理期間（月/日）	軟白処理日数	軟白処理前		軟白処理後	
			株全重（g）	主根径（mm）	調製重（g）	葉数
8/3 ～ 8/31	12/22 ～ 1/12	21日	243.0	3.7	149.0	30.0
8/3 ～ 8/31	1/7 ～ 1/21	15日	216.5	3.4	97.0	28.6
8/3 ～ 8/31	1/7 ～ 1/24	18日	216.5	3.4	101.0	28.6

写真4－10
細根を取り除き，主根の表面を削って円筒状に成形する

写真4－11
調製後の1株は100～150gになる

軟白処理終了後は、傷んだ葉を除去し、直立した軟白葉で揃える。根部は包丁などで細根を除去し、主根の表面を削って3～5cm程度の円筒状の根軸に成形する（写真4－10）。根軸をつけることは、地上部の鮮度を保つことと、それがついていることで一目でタルディーボとわかるトレードマーク的な意味合いがある。

調製後のサイズは、個体差が大きいがおおむね1株当たり100～150g程度（根軸含む）となる（表4－1、写真4－11）。タルディーボは1～2kg箱詰めや200～300gのパック詰めで流通販売されている事例がある（口絵(8)参照）。流通の際に、長時間光に当たると葉が再び緑化するため、できるだけ光に当たらないように運搬する。

第5章

パンタレッラの育て方

1 プンタレッラの魅力

「緑チコリー」だけど葉は食べない？

プンタレッラの育っている姿はまるで巨大なタンポポのようで、ギザギザの大きな葉っぱが何十枚も1株から発生する（写真5－1）。

葉は緑色でつやつやして、おいしそうに見えるが、じつは食べるのはこの大きな緑色の葉ではなく、葉の中心から伸びてくる若芽（花茎）の部分である。大きな緑色の外葉は苦みやアクがかなり強く、牛や馬も見向きもしないほどである。食用にする花茎のほうにも苦みはあるが、細く切って水にさらすと、独特なシャキッとした食感とほろ苦さが楽しめる。間違っても外葉は食べないことである。生の外葉を食べると口が曲がるほど（？）苦い……。

写真5－1
プンタレッラの生育中の株はまるで巨大なタンポポのよう

苦いけどクセになる味と食感

プンタレッラの苦みは最大の特徴で、一度食べるとクセになる。人にいわせると「ビールのような独特のほろ苦さとシャキシャキとした食感がたまらない魅力で、やみつきになる」。筆者もその一人で、プンタレッラが出回る初冬にはどうしても食べたくなる。

この苦みの成分は水溶性なので、花茎を細かく切って流水に浸けると、苦みを減らすことができる（流水時間が長くなるほど苦みが少なくなる）。宮城県産のプンタレッラの場合、30分程度流水に浸すと食べやすくなる。イタリア・ローマでは、この苦みを好きと感じられるようになると、やっと大人の仲間入りといわれているとか（苦み成分の詳細は77ページ）。

イタリア・ローマでは「冬野菜の王様」と呼ばれている

プンタレッラはイタリア・ローマの伝統野菜で、冬を代表する野菜である。おもにローマ近郊で10月下旬～3月初旬にかけて収穫され、地元では冬の野菜の王様として親しまれている。アンチョビ（カタクチイワシの塩漬けをオリーブオイルに浸したもの）の旨みを生かしたソースで食べるプンタレッラのサラダはローマ地方の代表的な郷土料理として、冬～春にかけて欠かすことのできない一皿となっている（写真5－2）。市場では、細かく花茎を割いて樽の中に水に浸けられ、カールした茎がシャキッとした状態で量り売りされている（写真5－3）。

プンタレッラとの出会い

宮城県とイタリア・ローマ県は、今から400年前に伊達政宗の家臣、支倉常長率いる慶長遣欧使節団がローマ法王にお会いしたという歴史的つながりなどを背景に、2001年10月に友好姉妹県となった。その縁がきっかけとなり、日本ではほとんど栽培されていないプンタレッラの魅力を宮城県から発信したいと考え、2006年から県の事業としてプンタレッラを新しい〝みやぎのブランド〟野菜に育てる取り組みをスタートさせた。

じつはそれに先駆けて、宮城県の試験研究機関での栽培試験は2002年頃に始まっていた。地域農業の振興や地産地消を進めるため、地域の農家直売所などでの販売をねらいとして、新規性、カラフル性、機能性などを持つ特色のある新規品目を検索し、その栽培技術を確立する目的で多様な野菜の栽培を行なっていた。その品目の一つとしてプンタレッラの研究に着手し始めていた。珍しいものや新しいものが気に

写真5－2
花茎を細く割いて食べるプンタレッラのサラダ

なる研究員がイタリアにも足を運び、試行錯誤で栽培を始めていたのである。

プンタレッラのような特殊な野菜は、つくる人と使う人がうまく結びつきにくい。また、素材の情報が少ないため、素材本来のよさが引き出されないこともある。結果的につくる人も使える人もいなくなり、ごく限られた人にしかその魅力が伝わらないということにもなりかねない。そこで、プンタレッラの潜在的な需要を掘り起こし、宮城へ定着させること、宮城から外に向けて積極的に発信することを目指し、２００６年にＪＡなど関係機関とともにプンタレッラプロジェクトを立ち上げ、プンタレッラの安定栽培、プンタレッラの魅力発信やブランド化、消費者ニーズに対応できる体制づくりに取り組むことになったのである。

みやぎ仙南農業協同組合（以下、ＪＡみやぎ仙南）は事業立ち上げ当所から積極的にかかわり、２００６年から本格的に栽培をスタートさせた。当初は生産者８戸、栽培面積は10

写真5－3
イタリアで袋詰めされて売られているプンタレッラ

ａだったが、２００８年には生産者14戸、栽培面積43ａに増加した。そこで、２００９年に西洋野菜研究会を設立して推進を図ることにした。栽培技術の向上や品質の均一化を図るため、栽培研修会や現地検討会などを定期的に開催している。また、市場での試食会や見本市など、各種イベントへの参加によるＰＲ活動も行なっている。会員はピーク時には20戸まで増えたが、２０１９年現在の生産者は14戸、栽培面積は40ａほどで安定している。１kg当たり６００〜７００円で取引されている。

２ プンタレッラとは

本名は「カタローニャ」、愛称がプンタレッラ

プンタレッラ、と野菜の種類のように呼ばれているが、じつはチコリーの仲間の「カタローニャ」という葉野菜の若芽（花茎）の部分をプンタレッラ（プンタレッレ）と呼ぶ。カタローニャは北イタリアでよく栽培されているが、こちらは葉をゆでたり、炒めたり、レモンとオリーブ油で和えたりして食べるもので、花茎が出てしまうと旬は終わって食べなくなる。一方、プンタレッラは、カタローニャの中でも花茎の部分が大きくなる品種や系統を選んで利用されてきたようである（口絵⑷参照）。

イタリアでプンタとは「尖った」とか「塔」の意味が、レッラ（レッレ）は「かわいらしい」というような意味があるそうで、直訳すると「尖ったかわいいやつ」という感じである。ローマっ子から

愛情をこめて、プンタレッラと呼ばれているのだと思われる。すなわち、プンタレッラは愛称でもあるが、葉を食すカタローニャとは区別する形で、品目の一つとして定着している。

生まれはどこ？――原産地と来歴

プンタレッラはキク科チコリー属のカタローニャという野菜である。原産地はヨーロッパで、イタリアでは伝統野菜として栽培されている。いつから日本で栽培されるようになったのかは不明だが、輸入種子が購入できるようになってから、珍しい野菜を栽培したい農家がイタリアのローマで修行したシェフなどの要請で作り始めたと思われる。もちろん、輸入もされていた。

宮城県におけるプンタレッラ栽培は、東京築地市場にある仲卸「大祐」の大木健二さんのすすめで加美町の西洋野菜生産組合の「新園倶楽部」が1995年頃から栽培したのが最初である。また、2003年頃からホテルやイタリアレストランのシェフから依頼されて、個人で栽培を手がけ、出荷していた方もいる。ここ数年で、やっと知られてきた野菜だといえる。

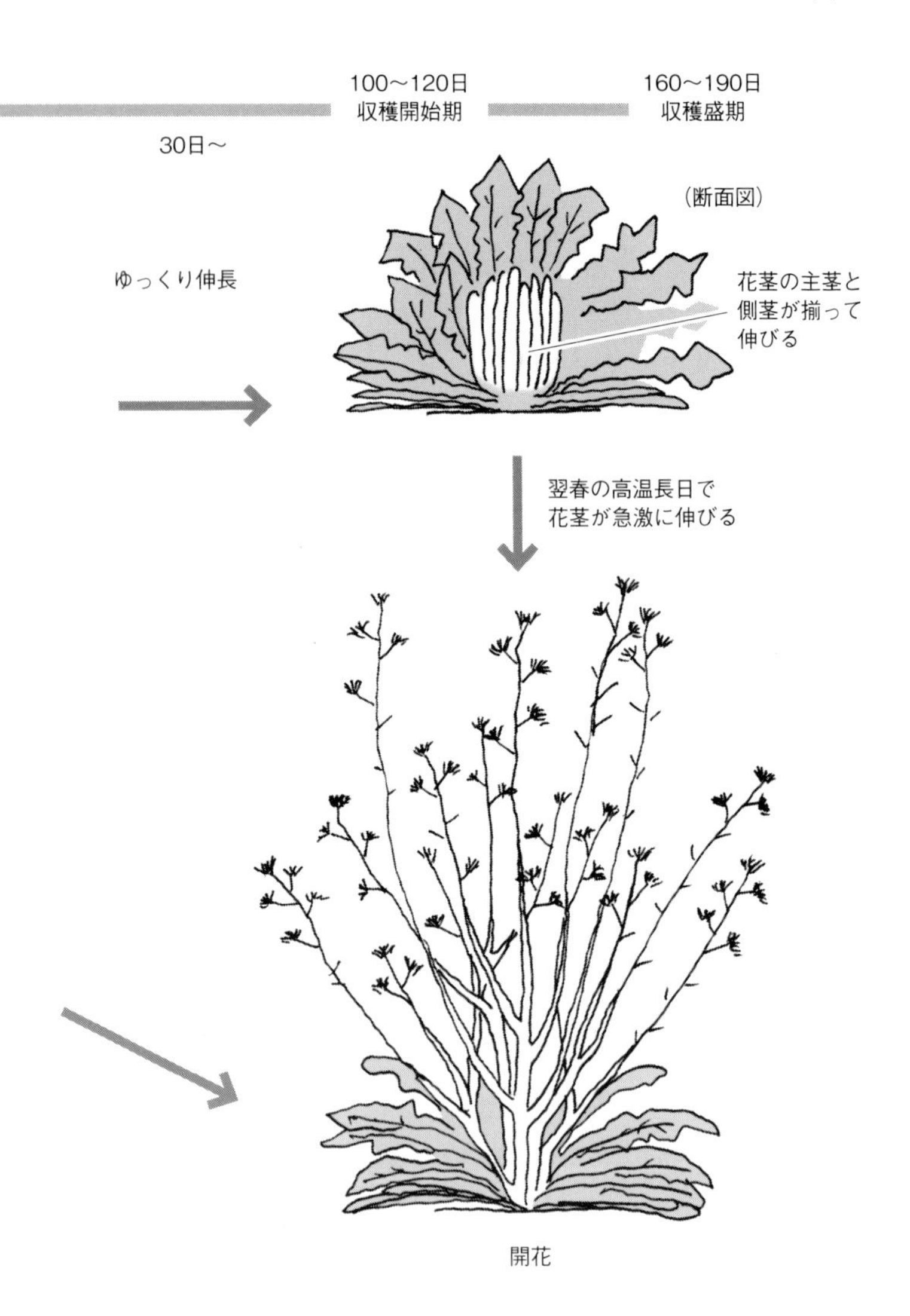
100〜120日
収穫開始期
160〜190日
収穫盛期
30日〜
(断面図)
ゆっくり伸長
花茎の主茎と
側茎が揃って
伸びる
翌春の高温長日で
花茎が急激に伸びる
開花

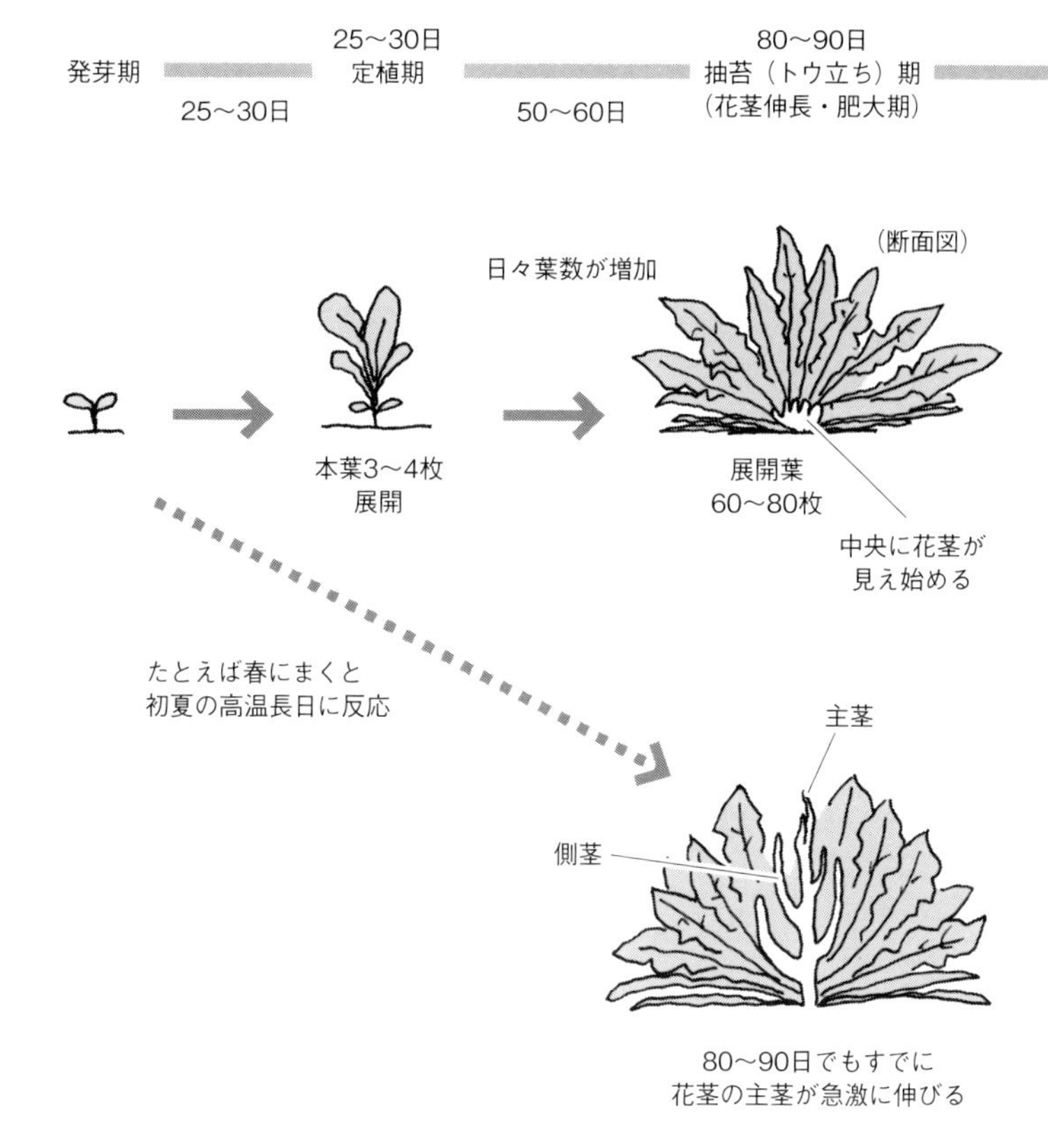

図5−1　プンタレッラの一生の形態的変化（8月上旬まきハウス栽培）
8月上旬にまくと，年内に花茎が伸び始めるが，低温で抑えられて肥大する。収穫しないでそのままおくと翌春の高温長日で開花しながら花茎が伸びる。春にまくと初夏に花茎が伸び始め，高温長日で花茎の主茎が長く伸び，秋には開花する。ただしこれはハウス栽培。食用にできる良品の花茎を得るにはハウスがよい

どんな育ち？――性状、生育特性

(1)食用となる花茎はアスパラガスのよう――形態的特性

まえに述べたように、プンタレッラは茎が立ち上がるまでは、タンポポの親玉のようなギザギザの葉が密着して生えているような形である。この葉の数が多いほど、食用となるアスパラガスのような若芽（花茎）は大きくなる傾向がある。宮城県で栽培しているプンタレッラは「早生種」なら40～70枚、「晩生種」なら70～100枚程度の葉が出る（図5―1）。株の中心部から茎が多く立ち、図5―1右上のように固まって伸びてくれれば良品として出荷できる。茎はどのサイズでも食用にできるが、10cm以上の長さが確認できれば、おいしく食べることができる。30cm以上長くなると、茎の基部が木のように硬くなるので、早めに収穫するのがおすすめである。

(2)豊富なβ―カロテン、苦みに抗炎症作用――栄養的特性

プンタレッラは近年日本でも多くの人に賞賛されている野菜だが、その栄養価についてはまだ知られていなかった。そこで、宮城県では宮城大学食産業学部に協力をお願いし、分析していただいた。そしてその分析値を、プンタレッラと風味や形状などが近いと考えられた野菜（レタス・セロリ・軟白チコリー）と比較してみた（表5―1）。

その結果、水分、タンパク質、脂質、亜鉛についてはほとんど差が見られなかった。一方、食物繊維、ビタミンC、β―カロテンは比較した野菜の中でもっとも多く含まれていることがわかった。と

表5−1 プンタレッラの栄養成分 (宮城大学 菰田，小田，西川，2005)

成分		プンタレッラ		レタス	セロリ	軟白チコリー
		茎	葉			
水分	(g/100g)	89.9	90.6	95.9	94.7	94.7
タンパク質	(g/100g)	1.5	1.4	0.6	1	1
脂質	(g/100g)	0.1	0.4	0.1	0.1	痕跡レベル
食物繊維	(g/100g)	4.1	3.3	1.1	1.5	1.1
ビタミンC	(mg/100g)	14	14	5	7	2
β-カロテン	(μg/100g)	470	3520	240	44	11
ナトリウム	(mg/kg)	220	286	20	280	30
カリウム	(mg/kg)	3600	3910	2000	4100	1700
亜鉛	(mg/kg)	2.9	3.4	2	2	2

注 プンタレッラの苦み成分：8-デオキシラクチュシン，ラクチュコピクリンは抗炎症物質。プンタレッラはビタミンCと豊富なβ-カロテン，抗炎症物質により風邪予防に効果があると考えられる

くにβ−カロテンは軟白チコリーに比べ若芽（花茎）で40倍強、葉で300倍強（外葉は食べないが株の内側の幼葉や花茎を取り囲む葉は食べられる）と非常に多いことがわかった。また、ナトリウムとカリウムは、セロリとほぼ同じ量だが、レタスや軟白チコリーに比べてかなり多く含まれていた。

プンタレッラはさわやかな苦みが特徴だが、その苦みの成分は8−デオキシラクチュシンとラクチュコピクリンがおもな化合物であることがわかった。これらの化合物には発熱や腫れなどを引き起こす物質を抑える働き、いわゆる抗炎症作用が認められている。また、プンタレッラには抗酸化物質であるビタミンC、β−カロテンも豊富に含まれており、先の抗炎症作用と相まって、冬場の風邪の予防や改善に効果があると考えられる。

写真5－4
揃って伸びた花茎

写真5－5
主茎だけが伸びすぎた花茎。硬くて食べられない

(3) 花茎はいつまいても伸びる――生育特性

プンタレッラは、年間を通じていずれの月にまいても、食用となる花茎の発達は見られる。しかし、花茎の形状は播種時期によってかなり違いがある（写真５－４、５－５）。７月、８月にまくと主茎と側茎が揃って伸び、アスパラガスを束ねたようなボリュームのある茎姿となり、ローマから輸入されている形にもっとも近い７００ｇ程度になる。それ以外の時期では主茎が長く伸び、重量も２００

g以下で、硬くて食用には適さない品質となる。品質のよいプンタレッラを収穫するには7月、8月まきがよい。この時期なら輸入品にも勝てる。

(4)高温長日で主茎が急に伸びる――花芽分化とトウ立ち

自然条件下で年間を通じていつ播種しても、ある程度の葉枚数を展葉すれば花茎が発達することから、花芽分化は温度・日長に比較的鈍感と思われる。一方、花芽分化をきっかけに起こる花茎の発達（トウ立ち）は、温度・日長の影響が強く、高温・長日で促進される。主茎が伸びやすい高温長日の時期に花芽分化時期が揃うと、主茎が急激に伸長し、縦長の品質で硬くなりやすく、食用に適さない形になる。主茎が伸びにくい低温短日期なら、花芽分化期と重なっても縦長になりにくく、ボリュームのある茎姿となる。それが7月、8月まきということになる。

3 育てるにあたって

初めて取り組む人へ

(1)個性派イタリア野菜

いろいろな輸入野菜が国内でも栽培されるようになってきたが、プンタレッラはまだ栽培事例が少ない。イタリアでもローマ近郊のみで栽培されている地方伝統野菜の一つである。栽培が限定的なのは、イタリアでも栽培資料がほとんどなく、手探り状態で栽培され、失敗することが多かったためと思われる。筆者も失敗を重ねてきた一人である。また、食べられるのは花茎のみで、外葉は食べられない。手もかかるうえ、栽培期間が長く、安定した品質での収穫が難しい。しかし花茎はやみつきになるほどの味と食感を持つ個性派品目である。株の内側の幼葉も、収穫したてなら生でもたいへんおいしく食べられる。これぞ生産者の特権ではないだろうか。

⑵輸入種子を利用

現在購入できるプンタレッラの種子は輸入種子がほとんどである。品種表示はなく、どれもほぼプンタレッラとあるのみで、品種名や形態特徴もほとんど同じ記載になっている。実際に栽培してみないと、本当の茎の伸長程度やボリューム感はわからないので、まずは小袋を購入して栽培してみたい（巻末の種子取扱業者問い合わせ先一覧）。また、播種しても発芽率が低い場合もあるので、定植予定数量より少し多めにまくことをおすすめする。なお、宮城県ではかつてローマからゆずり受けた貴重な種子を少しずつ使い続けており、県内のみの配布としている。現在、トキタ種苗と共同で品種開発を進めているところなので、近いうちに国産プンタレッラの種子が入手できると思われる。

⑶植えた株、全部が収穫できるわけではない

植えた株からすべて同じような形の収穫物がとれるわけではない。使用する種子（品種）や栽培条件によって異なるが、なかには茎が伸長せず、収穫物が得られない株もある。植えた株のうち収穫で

きる株の割合は、少ないと40％程度、多ければ95％に達することもある。

⑷露地では小さめ

ハウスがない場合は露地栽培も可能だが、収穫物は200～400g程度と小さめとなる。宮城県では7月上旬～中旬が露地栽培の播種適期である。それ以上遅くなると収穫に至らず、葉だけのままで終わってしまう。イタリアからの輸入品のような500g以上の大物ねらいなら、ハウス栽培をおすすめする。宮城県では無加温でも冬場に保温すれば栽培は可能である。

すでに栽培している人へ

⑴大物はハウス栽培で

良品・大物をねらうなら、パイプハウスで栽培する。播種時期も限られるので、自分たちの住んでいる地域に適した作型を見極めることも大切である。

⑵播種時期で形が変わる

茎の形状は播種時期によってかなり違いがある（写真5―4、5―5参照）。7月、8月播種で主茎と側茎が揃って伸び、アスパラガスを束ねたようなボリュームのある茎姿となり、ローマから輸入されている形にもっとも近い700g程度になった。これなら輸入品にも勝てる。それ以外の時期では主茎が長く伸び、重量も200g以下で、硬くて食用には適さない品質となった。

(3)冬場は0℃以下にならないように

プンタレッラは冬の野菜の王様と呼ばれるように寒さには比較的強いが、最低気温が0℃以下となる日が続くと、凍傷害により茎の先端が黒変・褐変化し、商品価値がなくなる（写真5－6）。そこで、無加温パイプハウスの中に内張りビニールを張るか、トンネルをつくって保温する。簡易的な方法として、保温性の高い「ポリシャイン」などの資材を外葉全体にべたがけして中央の茎を守る方法も有効である。宮城県では12月上旬～3月上旬まで保温している。昼間は内張りやトンネルを開放して、太陽の光をたっぷり当てることも大事である。

(4)やっぱり連作はしない

栽培年数が浅い頃は病害虫の発生はほとんどなかった。ところが、栽培年数を重ねると病害虫の発生が見られるようになり、その程度が大きくなる傾向がある。4～5月に水稲の育苗ハウスとして使い、空いている時期には別な作物を栽培

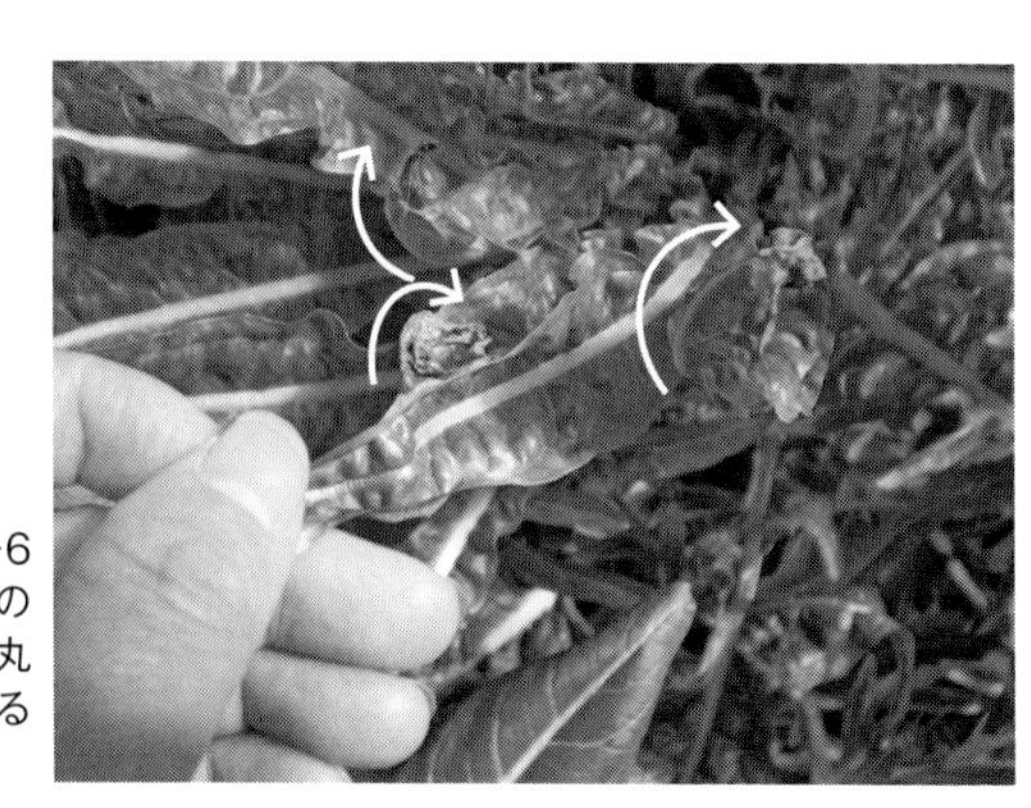

写真5－6
低温障害。茎の先端が縮れて丸まり，黒変あるいは褐変する

することで連作を避ける工夫も必要である。

(5)自分に合う株を見つけたら、自家採種

購入する種子はすべてプンタレッラと表記されているが、形態や品種はさまざまである。また、同じ袋の種子でも同じ形態のプンタレッラが収穫できないことも多い。そこで、気に入った株が見つかったら自家採種をおすすめする。気に入った株は収穫し、その収穫して残った同じ株（切り下株と呼ぶ）を利用して採種する（自家採種は94ページ）。優良な形質は交配により高まる傾向がある。プンタレッラは自殖性（同じ花や同じ株での結実性）が低いので、有望な株を複数株使う。

育て方の実際

いつまけばよいか

(1)秋まきハウス栽培

２００３年2月14日からほぼ1カ月おきに、購入種子を使って１２８穴セルトレイに播種し、本葉３～４枚まで育苗し、パイプハウスに株間30㎝、条間30㎝（2条植え）、うね間１２０㎝（１ａ当たり５５６株）で定植して栽培した。その結果、いつ播種しても食用となる茎の収穫はできたが、収穫できた花茎の形状はかなり異なった（表５－２）。なかでも、7月と8月に播種した作型では、主茎

表5－2　プンタレッラの播種期別栽培特性（2004年ハウス栽培）

区別	播種期（月/日）	定植期（月/日）	収穫盛期（月/日）	収穫日数[1]（日）	株（茎）重（g）	収穫株率（%）	茎の品質	
							硬・軟[2]	形状[3]
2月播種	2003 2/14	2003 4/9	2003 6/5	111	78	100	軟～中	縦長型
3月播種	3/14	4/17	6/9	87	62	83	中～硬	縦長型
4月播種	4/14	5/14	7/23	100	184	50	硬	縦長型
5月播種	5/14	6/9	8/12	90	170	61	中～硬	縦長型
6月播種	6/14	7/11	9/25	103	166	67	中～硬	縦長型
7月播種	7/14	8/11	12/26	165	670	17	中～硬	横張型
8月播種	8/14	9/11	2004 2/20	190	770	61	軟～中	横張型
9月播種	9/16	10/20	3/4	170	206	78	軟～中	縦長型
10月播種	10/14	11/21	4/16	185	102	56	中～硬	縦長型
11月播種	11/14	2004 1/31	4/22	161	60	83	中～硬	縦長型
12月播種	12/15	2/3	5/6	143	86	83	中～硬	縦長型
1月播種	2004 1/14	3/5	5/11	118	71	83	軟～硬	縦長型

注　1）播種日から収穫盛期までの日数で示した

2）軟：柔らかい，中：普通，硬：硬くて食べるのに不適

3）縦長型は主茎が側茎より優先伸長。横張型は主茎と側茎が揃って伸長

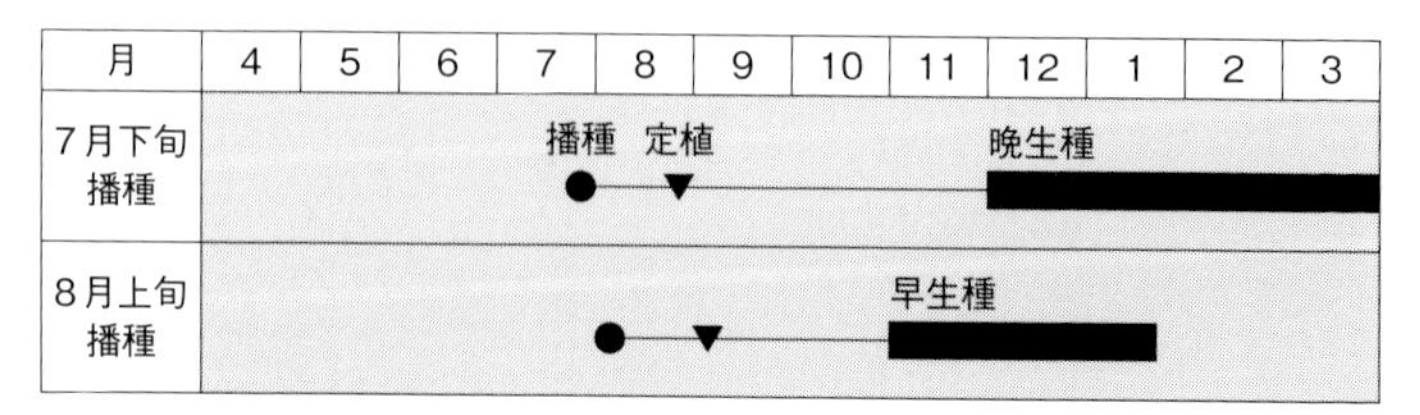

図5－2　プンタレッラのハウス栽培暦（宮城県基準）

早生は生育が早いので早くまきすぎると花茎が伸びてしまうので遅くまく。早生か晩生かわからない場合は，7月下旬～8月上旬の間にまけばよい

表5－3　ハウス栽培における作型別の生育特性（2005年）

区別	播種期（月/日）	定植期（月/日）	収穫期間（月/日）～（月/日）	全重（g）	茎重（g）	収穫株率（%）	抽出茎の品質	
							硬・軟	形状
7月中旬播種	7/15	8/17	10/27～11/24	1,390	530	100	軟～中	やや横張～横張型
7月下旬播種	7/26	8/25	11/1～2/4	1,540	710	100	軟～中	横張型
8月上旬播種	8/5	9/10	12/13～3/18	810	440	92	軟～中	やや横張～横張型
8月中旬播種	8/16	9/16	1/26～3/18	1,090	590	87	軟～中	やや横張～横張型

と側茎が揃って伸び、アスパラガスを束ねたようなボリュームのある茎姿で、イタリアから輸入されている形態にもっとも近くなり、平均株重は700g前後だった。それ以外の時期では主茎の伸長が側茎の伸長に優先して縦に長い茎姿で、平均株重は200g以下となり、伸びた茎は硬く品質が劣り、食用には難しいと思われた。

したがって、良品にするには7月中旬、8月中旬に播種し、パイプハウスで栽培する。収穫は12月から翌年の3月となる（図5－2）。

宮城県ではさらに詳細な作型を検討するため、7月と8月で旬別に播種期を変えて栽培を行なった。7月15日に播種すると収穫期は10月27日～11月24日、7月26日播種では11月1日～翌年2月4日、8月5日播種では12月13日～翌年3月18日、8月16日播種では翌年1月26日～3月18日となり、播種期が遅くなるほど収穫期間は遅くなる傾向がみられた。茎重（株重）は7月26日播種でもっとも重くなった（表5－3）。

表5－4　露地栽培における作型別の生育特性（2005年）

区別	播種期（月／日）	定植期（月／日）	収穫期間（月／日）～（月／日）	全重（g）	茎重（g）	収穫株率（%）	抽出茎の品質	
							硬・軟	形状
6月中旬播種	6/15	7/20	8/31～9/27	－	190	75	軟～中	縦長型
6月下旬播種	6/25	7/28	9/15～11/16	890	160	97	軟～中	縦長～やや横張型
7月上旬播種	7/5	8/12	9/21～12/8	880	200	78	軟～中	縦長～やや横張型
7月中旬播種	7/15	8/17	10/22～11/29	990	260	64	軟～中	やや横張型
7月下旬播種	7/26	8/25	11/29	620	280	17	軟～中	やや横張～横張型
8月上旬播種	8/5	9/10	収穫不能	－	－	－	－	－

また、露地栽培の高品質生産の可能性についても検討した。6月中旬から8月上旬の間で旬別に播種し、パイプハウス栽培と同様に育苗後定植してみた。その結果、播種期が遅くなるほど収穫始めは遅くなり、収穫茎は縦長型から横張型になり、重くなる傾向がみられた。7月26日播種では12月以降の低温で生育が進まず、収穫できた株は17％程度で、8月5日播種では収穫に至らなかった。収穫できた茎重は160～280gと小さくなった（表5－4）。

上の表で紹介した作型は露地・パイプハウスとも宮城県でのデータとなる。これらの結果を参考に、自身の地域の気象条件を考慮して栽培に適した作型を見つけることが、安定した栽培のポイントとなると思われる。

(2) ハウス(圃場)の準備

これまで述べたように、輸入品に勝つような品質のものを得るにはハウス栽培がポイントである。水田地帯であれば、水稲の育苗用のパイプハウスが利用できる。宮城県の産地ではほとんどが水稲用育苗ハウスで栽培している。冬季間に保温できれば、越冬が可能である。宮城県での栽培期間の気温推移を見てみると、最低気温マイナス5℃程度に低下することもあったが、この程度であれば栽培に問題はないと思われる。

適期の7月下旬~8月上旬に播種する場合、定植まで25~30日程度の期間しか準備期間がないので、できれば田植えが終了したらすぐにハウス内土壌を乾燥させ、有機物を投入し、数回耕うんして定植の準備を行なう。プンタレッラはゴボウのような太い主根が伸び、そこにひげ根が発生し、比較的地表面に近いところに細かい根を伸ばす。そのため、水はけのよい土作りが重要である。目安は通常の葉物栽培ができる程度かと思われる。

また、定植まで雑草を生やさないようにする。雑草を生やしたままにしておくと、ヨトウムシなどが産卵にきて、定植後に待ってましたとばかりに地際から苗が食べられてしまう被害が多発する。

定植時期の8月下旬~9月上旬までに、真夏の暑さを利用して、太陽熱消毒(湛水後にビニール被覆してハウスを20日間以上密閉する方法)や土壌還元処理(米ヌカなどをまいてかん水してからビニール被覆、ハウスを密閉する方法)を行なうと病害虫の発生抑制に効果がある。

①セルトレイに土入れ

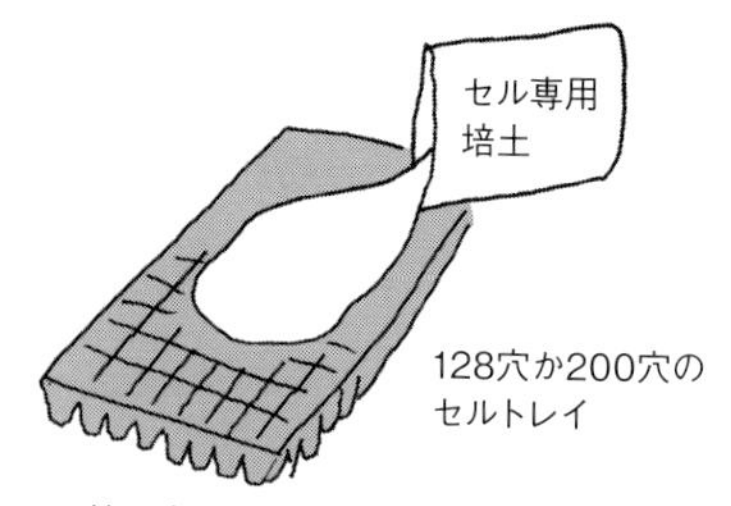

端の穴にまでしっかり入れる。
トレイを持って上下にトントンと
するとよく詰まって入る

②水稲育苗箱へ入れる

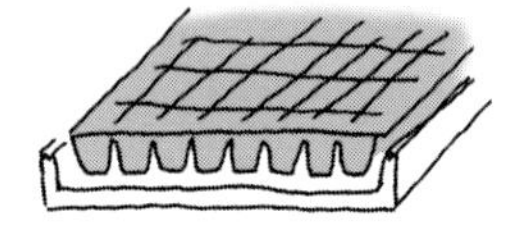

水稲育苗箱
底に穴がたくさんあいているものがよい。地面の土から離して空間をつくることで根鉢ができやすくなる

③かん水

上からしっかりかん水。軽く1回かけてなじませ，もう1回しっかりかける

セル専用培土は，ピートモスなどの撥水性のある資材が使われているので，播種前にしっかり水を吸わせることが重要！

④新聞紙をかけて一晩おく

トレイの上から新聞紙などを
かぶせて一晩水になじませる

⑤翌日播種

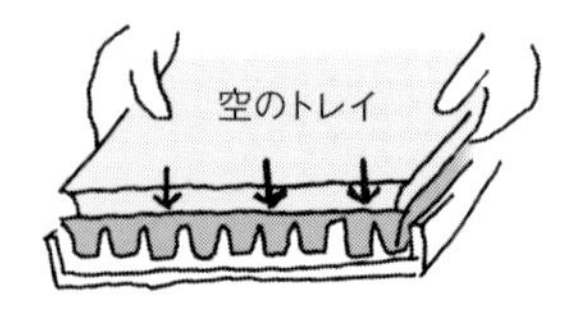

新聞紙をはずし，セルトレイの一つ一つの中央に播種用の穴をあける。指であけてもよいが，空のトレイを上から重ねるように押しつけるとよい

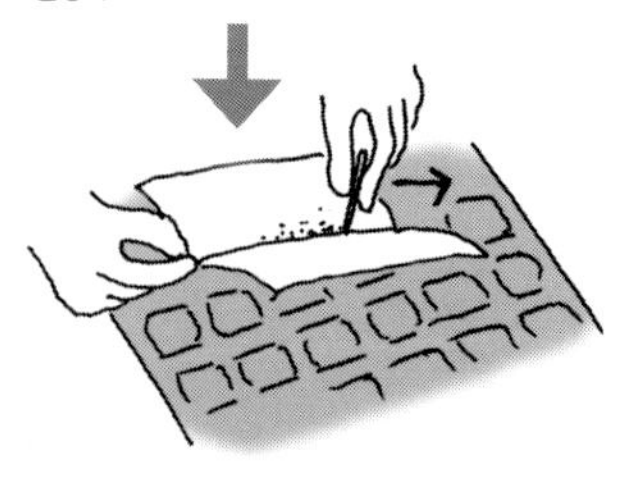

二つ折りした紙の折り部分にタネを入れ，先端からつまようじで1～2粒ずつ穴の中に落としていく

図5－3　セルトレイへの播種と育苗

⑥覆土・かん水

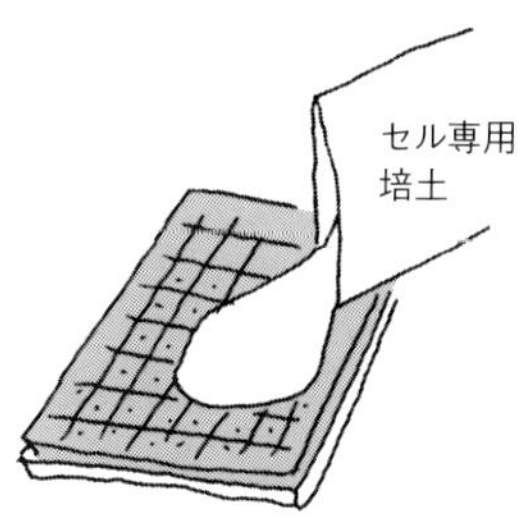

同じ培土で覆土し,
しっかり上から押さえる

覆土がしっかり濡れるようにかん水。新聞紙をかぶせ, またかん水する。軒下など涼しい日陰に置く

⑦発芽

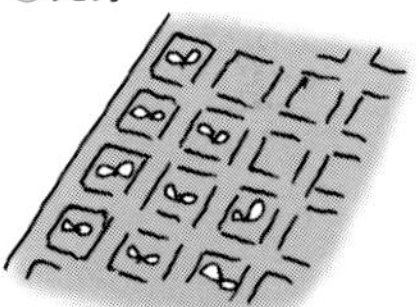

3～4日で発芽する。トレイ全体の1割程度が発芽したら新聞紙ははずす

⑧欠株の補充

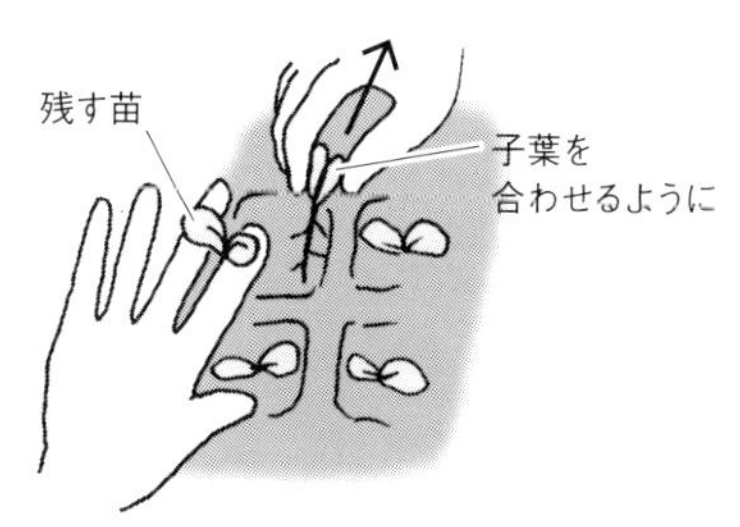

欠株の穴があった場合は, しっかりかん水したあと, 1穴に2本以上発芽している穴から引き抜いて欠株の穴へ移す。残す苗を人差し指と中指ではさんで培土を押さえてから子葉を合わせるようにゆっくり引き抜く

⑨育苗

培土の表面が乾いたら午前中にかん水する。本葉が3～4枚展開し, 穴から抜けやすくなる頃（播種後25～30日）に定植する

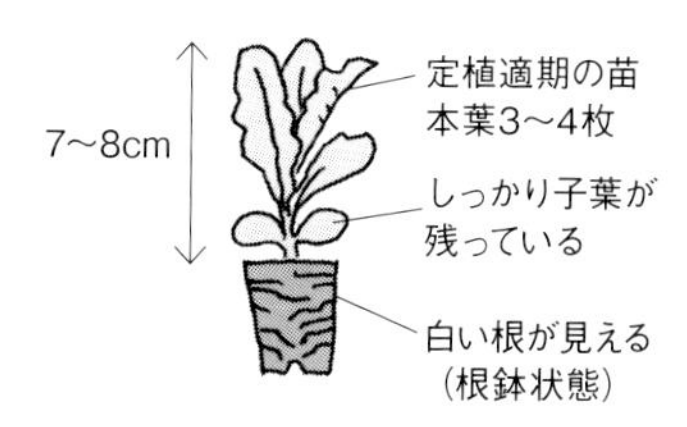

(3)播種と育苗方法

購入種子は発芽率が低い場合があるので、直まきはしない。200穴や128穴のセルトレイを使い、1穴に1～2粒播種して育苗する（図5－3）。発芽しない穴があれば、2本発芽したところから移植することができる。その際は、残す苗を傷めないでとれるように、あらかじめ播種の際に2粒を離してまいておくと便利である。水稲育苗ハウスにばらまきして育苗することも可能だが、定植時に植え傷みで活着が悪くなるので、セルトレイ育苗がよい。

使用培土は、水はけがよく肥料分があらかじめ添加してあるセルトレイ専用培土を使う。チッソ成分は1ℓ当たり100～200mg程度がよい。播種後、たっぷりかん水し、乾燥防止のために新聞紙などで覆い、3～4日程度で発芽したらただちに新聞紙を除去する。セルトレイの土壌が乾かないように、本葉が出てからは毎日1回午前中のうちにたっぷりかん水する。葉色が淡くなるようなら、液肥を薄めにしてかん水する。育苗は雨の当たらない涼しい軒下がよい。ハウス内で育苗する場合は暑い時期なので、上に寒冷紗をかけておく。およそ25日後、本葉3枚程度が定植適期である。ちなみにプンタレッラの発芽適温は25℃前後である。

(4)定植準備（施肥＋うね立て）と定植

元肥は1a当たりチッソ成分で1・5kg施用する。リン酸とカリは同程度とする。前作の残存チッソがある場合は少なめにする。ただし少なすぎると年内の生育が緩慢となり、収穫始期が遅くなる傾向がある。

定植の2週間前には元肥を施用して耕うんし、植え床（ベッド）幅80cm、通路幅40cmのうねをつくり、高温期の定植なので白黒ダブルマルチの白色を表にマルチをかける（図5－4）。栽培が長期間で、暑い時期から寒い時期の栽培となるので、マルチ栽培が効果的である。マルチの下にはかん水チューブを設置する。冬場でもかん水は必要である。マルチは黒でもよいが、黒マルチだと定植後にマルチに接触した葉が焼けて枯れることもあるので、触れないように注意して植える必要がある。

栽植密度は、株間30～40cm、条間40cmを目安に2条千鳥植えできるように、マルチに穴をあけて定植する。株間が狭いと収穫する株が小さく縦長になる傾向がある。年内に多く収穫できる早生系の品種が入手できれば、生育や茎の伸長が早いので、株間30cmでも品質の高い横張型のものが収穫できる。筆者ら宮城県がイタリアから贈

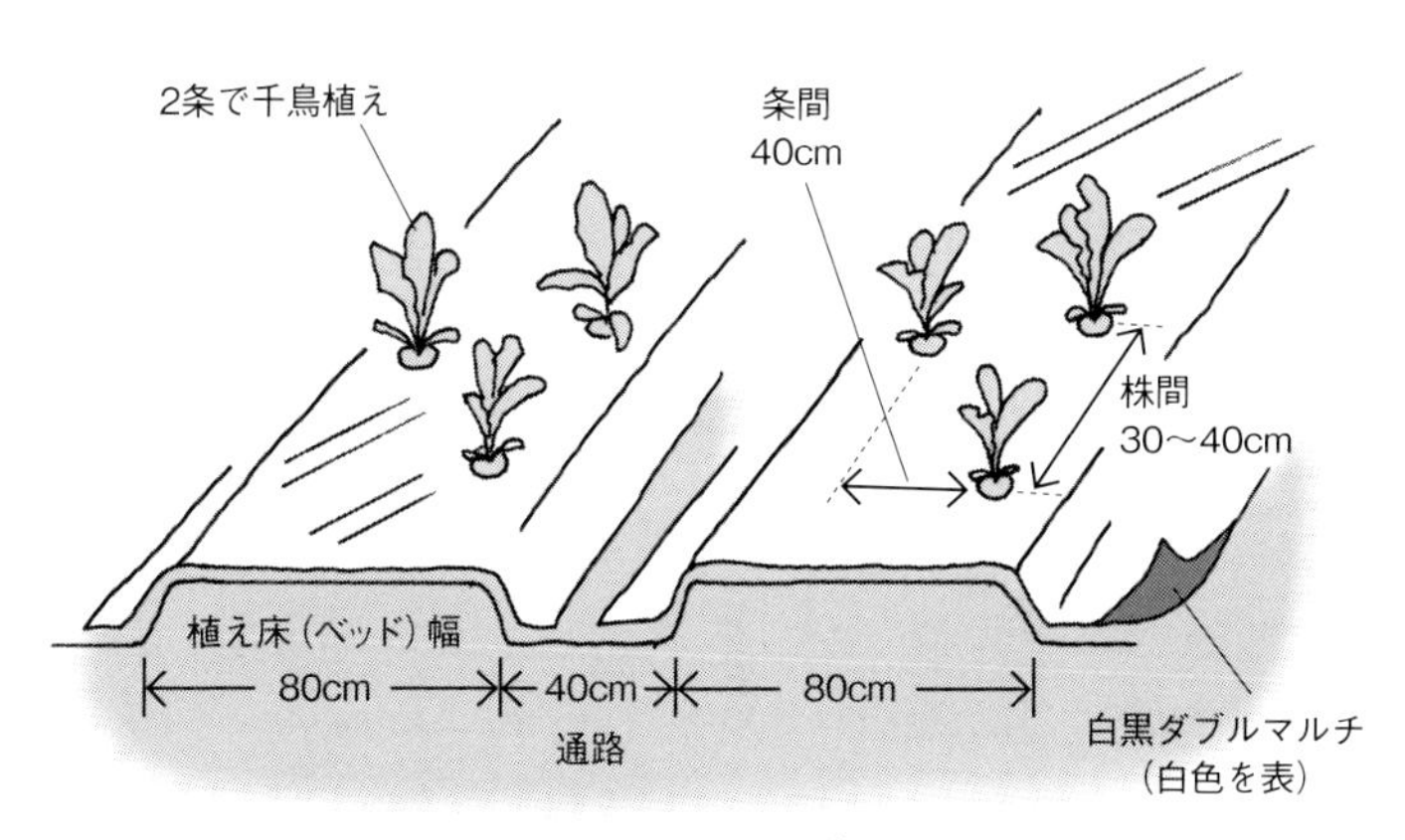

図5－4　プンタレッラのうねと植え付け方

呈を受けた晩生種の品種は、花茎の立ち上がりが遅く、生育がゆっくりで葉数が多いので株間は40cmがよい。プンタレッラを初めてつくる場合は株間30cmで定植するのがよいだろう。

⑸栽培管理

定植時は、活着を促進させるため十分にかん水する。暑い時期にハウス内に定植するので、苗が小さくても乾きやすいので注意が必要である。キク科の野菜であるプンタレッラは暑さはあまり得意ではないので、ハウスの出入り口やサイドは開放し、できるだけ涼しい環境で栽培する。一方、出入り口やサイドからアブラムシ類などの害虫が侵入するので、できれば、出入り口やサイドには目合い0・8mm程度の防虫ネットを設置しておく。

プンタレッラは涼しくなるにしたがって、ぐんぐん生長する。生育をみながら追肥を行なう。マルチ栽培では液肥ならかん水と同時に施用し、速効性肥料なら通路に散布しても効果がある（追肥量の目安はチッソ成分で1a当たり0・5kg程度）。

高温を避けてゆっくり育てる　温度管理は昼間は最高気温20～25℃を心がける。定植後しばらくは出入り口、サイドは開放のままでよいが、夜温が10℃以下になる頃から夜間はハウスを閉め、日中に開放するようにする。夜温が5℃以下になったら、夜間はトンネルをかけるなど保温する。ハウス内に温度計を設置してこまめな管理を行なう。

なお、温度を日中25℃以上の高めに管理すると、花芽分化した花茎の主茎部が早く伸び、縦長の株ができやすいので、日中は25℃以上にならないように換気して低めに管理し、ゆっくり育てる。ゆっくり育てることが大物・高品質につながる。

病害虫防除は摘葉で プンタレッラは多いもので100枚もの葉が展開する。下葉は老化して黄化しても容易には株から離れない。この下葉でアブラムシなどの害虫が寒い時期をじっとしていることが多く、発見が遅れることもある。そこで、年内に下葉をかき取る。黄化した葉やアブラムシなどの害虫が着いた葉はそのたびにかき取る。一度に10枚程度もかき取ると生長が一度とまったようになるので、見つけるたびに2～3枚ずつ取り除いてハウスの外に出す。大変な作業だが、この摘葉が病害虫防除にもっとも効果的である。作業は午前中に行ない、その日のうちに切り口が乾くようにする。

発生する害虫 害虫はアブラムシ類のほかにコナジラミ類、ヨトウムシ類が発生する。ヨトウムシは定植直後から侵入すると株ごと根こそぎ食べられて欠株になる。また、10月頃に侵入されると、収穫する花茎が直接食害されて出荷できない場合もある。ひらひら飛んでいる成虫を見つけたら、卵を産みつけている可能性が高いので、BT剤などで防除する。アブラムシ類やコナジラミ類は年内はゆっくり増殖し、年明け2月下旬から激増し、出荷する花茎部にもつくようになる。年内中にしっかり防除する。「プンタレッラ」あるいは「野菜類」で登録のある薬剤であれば使える。アブラムシ類やコナジラミ類には食品（デンプン）などを成分とした気門封鎖型薬剤などが有効である（農薬については110ページ参照）。

発生する病害　病害では、低温障害で葉先が枯れると、その部位に灰色かび病が発生する（写真5―7）。ハウス内は夜間に結露しやすく、花茎の先端部が低温障害を受けやすくなる。夜間に結露しないように日中はできるだけ換気して、株の表面が乾燥した状態になるように心がける。また、株元から褐変・腐敗する菌核病が発生する（写真5―8、5―9）。土壌の表面も過湿にならないように管理するとよい。発生した株を見つけたら抜き取り、ハウスの外へ出す。そのまま置くと次年度の発生要因となる。

⑹収穫・出荷

宮城県のＪＡみやぎ仙南での出荷基準は花茎のもっとも高い部位が25cm程度を目安にしている（口絵⑻参照）。収穫は株元から包丁で切り取る。付着した害虫はコンプレッサーなどを使って除去する。外葉は2～3枚つけて、株の輸送中の傷みを防ぐ。収穫後は鮮度が重要となるので予冷する。収穫期が遅れると花茎の基部から硬くなり、食用に適さなくなるので、遅くならないようにする。小さくても味は変わらないので、早めの収穫が肝心である。

⑺自家採種のすすめ

現在のところ、販売されているプンタレッラの種子は輸入種子で、品質もバラバラで栽培してみないとその特徴がわからないのが現状である。そこで、いい株を見つけたら〝切り下株〟を残して、自家採種してみてはどうだろうか？　筆者らは自家採種することで、品質が安定することを確認してい

写真5−8
菌核病の症状（矢印）。
褐変，腐敗する

写真5−7
低温障害で枯れた葉先に発生した
灰色かび病

写真5−9
菌核病が発生した
株の内側（矢印）

る。

切り下株の利用　栽培しているなかで、年内にとれる株や形質のよい株など、自分の気に入った株が見つかったら、その株は収穫する。自家採種のために使用するのは、収穫したあとに残った株（切り下株）である。プンタレッラは再生能力が高く、切り下株の切り口からカルス（わき芽）が発生して株が再生する。切り下株の利点は生産に影響しないだけでなく、春の3月に再生した株を掘り上げ、露地に移植して栽培できることである（写真5－10、5－11）。収穫しないでそのまま株をハウス内で伸ばして開花させることもできるが、ハウスを占有する期間が長くなり、水稲の育苗などに利用できなくなる。切り下株なら移植のダメージも少なく、露地栽培が可能となる。気に入った株は1株ではなく、数株選ぶ。プンタレッラは他家受粉（花一つでは授粉できない。また、同一株内の花どうしでも授粉しない場合が多い）なので、授粉には複数株（最低2株以上）が必要である。

うね立てと施肥　よい品質の切り下株元に印となる棒を立てて、収穫終期の3月中旬から下旬までそのままにしておく。露地の圃場では3月中～下旬に定植できるように準備する。1a当たりチッソ成分で1・0kg程度施用し、耕うんしたあと、うね幅100cm程度で透明マルチか緑マルチでマルチングし、株間60cm程度に移植する。100cm以上に伸びるので倒伏しないように支柱を立てて誘引する必要がある。6月上旬頃から順次開花して6月下旬～7月上旬に開花盛期となる（写真5－12）。

授粉　授粉は虫媒でも可能なので、露地であれば訪花昆虫が集まり、授粉してくれる。優良な同一

写真5－10
収穫後に残った株（切り下株）を採種用に翌春植えた畑

写真5－11
切り下株。初夏には花が咲いて採種できる

写真5－12
開花した畑

系統の株を植えることで、その形質が高くなる傾向がある。

自分好みの品種をつくりたい場合は人工授粉を行なう。一つの花におしべも雌しべもあるが、花一つでは授粉しないので、別の株の花を使って授粉する。授粉は晴天日で気温が25～35℃、照度が10000lux以上の環境で結実率が高まることがわかっている。花は1日しか咲かないので、適期を見逃さずに行なう。先述の環境を確保するため、雨よけハウス内に移植するか、ポットに鉢上げして軒下などの雨よけ状態の場所に置き、春季の晴天日の午前中に人工交配を行なうのが望ましい。また、交配には蕾が集合した花は適さず、1花のみ花茎から伸びて咲く花を選ぶ。集合花は交配してもほとんど授粉しない。

採種　授粉後40日程度で採種できるが、中に充実した種子が入っていなくても集合花の花托部分は肥大するので、人工授粉して採種することをすすめる。人工交配では、交配した花に印をつけるか、交配しない花はすべてかき落とすことで、

写真5－13
プンタレッラの種子

採種作業がしやすくなる。一つの花托で2～15粒程度採種できる。露地栽培では放任での虫媒交配主体でどの花托内に種子が入っているかがわかりにくくなるので、株ごと収穫する。開花盛期を過ぎ、種子のでき具合（ふくらんでいる花托を開いてみて、黒い種子があるか確認）をみて、株ごと抜き取り、雨の当たらない涼しいところで乾燥させる。十分乾いたら株から花托をたたいて落とし、花托の中から種子を取り出す。花托は乾燥によりかなり硬くなるので種子をつぶさないように取り出す。象牙色～黒色で中実が充実した種子がよい種子といえる（写真5－13）。

ちなみにプンタレッラの花は青紫色でとてもきれいな花が咲く（写真5－14）。開花した花は1日（それも午前中くらい）でしぼんでしまうので、切り花として室内に飾るのは難しいかもしれない。

写真5－14
プンタレッラの花。訪花昆虫の西洋ミツバチが訪花している

第6章

まだまだある チコリー類

❶ プレコーチェ、ヴェローナ

丸くならないトレビス？

プレコーチェ、ヴェローナは、まえに述べたトレビス、タルディーボと同様に赤チコリー（レッドチコリー系統群）の仲間である。その形状は、トレビスが完全結球性（しっかりと丸になる）であるのに対して、半結球性（ふんわりとゆるい結球）で細長いラグビーボール状である。トレビスと比べてヴェローナは葉がやや細長く（写真6－1）、プレコーチェはそれよりもさらに細い（写真6－2）。ちなみに、プレコーチェはトレヴィーゾの早生種という位置づけであり、両者は異なるものである。そして、まえに述べたタルディーボはトレヴィーゾの晩生種という位置づけである。

写真6－1
真上から見たヴェローナ。
やや細長い＊

写真6－2
ヴェローナより葉がさらに細長い
プレコーチェ

栽培方法はトレビスと同じだが、トウ立ちはしやすい

プレコーチェ、ヴェローナ両者ともトレビスと同じ栽培方法でよい（トレビスの栽培方法は31ページ）。すなわち通常は露地栽培で（写真6−3）、まえに述べたタルディーボやあとで述べるカステルフランコのような軟白処理や結束などの作業を必要としない。半結球性であるため、しっかり結球するトレビスよりもトウ立ちしやすい。またトレビスより寒さに強い傾向があり、収穫適期は初夏よりも初冬、たとえば宮城県では露地栽培で11〜12月が旬である。

種子は国内ではトキタ種苗から入手できる（巻末の種子取扱業者問い合わせ先一覧）。

❷ カステルフランコ

花のようなチコリー

カステルフランコも、プレコーチェやヴェローナ同様に赤

写真6−3
生育中のプレコーチェ。トレビス同様に露地栽培でよい

チコリーの仲間であるが、葉はクリーム色で、その幅の広い葉に赤い線で模様が描かれている。まるで花を思わせる美しい姿のチコリーである（写真6－4）。

栽培方法は発展途上

(1)ポイントは秋まき株養成、冬に軟白栽培

現在のところ、カステルフランコの栽培方法は、これといった確立されているものはない。葉のクリーム色をつくり出すには何らかの方法で光を遮る必要があるが、株全体を遮光すると生育が著しく衰えてしまう。タルディーボの栽培にならって水耕栽培をすると生育が進まないうえに腐敗やカビがすぐについてしまう。

また、カステルフランコの魅力はクリーム色に対して赤色が映えるところであるが、赤色がきれいに発色するのは、気温が下がってくる秋冬の時期だけである。

したがって、カステルフランコの栽培は秋まきで株を養成

写真6－4
カステルフランコ。クリーム色と赤色の葉がまるで花のよう

し、秋冬に軟白処理をすることが必要と考えられる。

⑵播種・育苗

トレビスなどに準ずる。すなわち、7月下旬から8月上旬に128穴セルトレイに1セルごとに1粒まき、セルトレイの下から根が出ないように気をつけながら4週間ほど育苗する。なお、カステルフランコは海外からの輸入種子が入手できる（巻末の種子取扱業者問い合わせ先一覧）。

⑶圃場準備、肥料施用とうね立て、定植

きれいなカステルフランコをつくるには、収穫近くの時期にも生育温度が必要なことから、寒冷地である宮城県ではハウス栽培としている。

施肥量の設計はタルディーボと同様とし、元肥のみで1a当たりのチッソ、リン酸、カリの土壌中含量がそれぞれ1・0kgとなるように有機質中心の化成肥料を施用する。

栽植様式は、植え床（ベッド）幅80～90cmのうねに3条千鳥植え、株間30cm、条間30cm程度を標準に植え付ける。

ハウス内であれば必ずしもマルチ被覆は必要ないが、収穫時期の泥はねを防ぎたい場合はシルバーか白黒ダブルマルチを使う。

⑷軟白栽培

カステルフランコの栽培で軟白処理は、いちばん工夫すべきポイントであるが、正直に書くと現状

で「これが正解！」と認知されている方法はない。今のところ考えられている方法としては、圃場で生育中に外葉をヒモやバンドなどで結束して内部葉を軟白状態とし、タルディーボと同様に軟白栽培で数週間経過することで中心に緑色の抜けた葉を生長させる。外葉結束だけでは遮光が不十分な場合は、取り除いた外葉2～3枚を上からかぶせて、さらに遮光するとよいようである（写真6－5）。

⑸収穫・調製

収穫期のカステルフランコは結束しているため、中の葉が固まったままになっていて、無理に剥がそうとすると破れてしまうことがある。収穫したら、逆さにして水の中に入れ、揺さぶると葉を傷つけずにゴミが落ちてきれいに仕上がる（乾かしてから出荷）。タルディーボ同様、収穫後に長時間光を当てると、軟白部に緑色がついてしまうので、出荷時の環境にも気をつけたい。

写真6－5
取り除いた外葉をかぶせて遮光，結束している

第7章

農薬をできるだけ使わない病害虫の防ぎ方

問題となる病害虫

本書で紹介したチコリー類の栽培では、他の一般野菜と同様に病害虫はそれなりに発生する。被害をどのように防ぐかが重要になる。

発生する病害のおもなものとしては、トレビスの露地栽培では春まきの収穫時期（6～7月）には多湿を好む菌核病や腐敗病、その後に高温で発生する軟腐病がある。秋まきでは、収穫に差しかかる10～11月頃に菌核病、腐敗病が発生する。また、病害ではないが、結球期以降に過度に乾燥したり、土壌中に石灰成分が不足していたりすると、葉先枯れ（チップバーン）の症状が出ることがある（生理障害）。

一方、プンタレッラはハウス栽培であり、ハウスの側面を閉める11月以降の秋冬季になると、ハウス内の湿度が上がるため、灰色かび病や菌核病のような症状の病害が発生しやすい。

虫害もさまざまなものが発生するが、トレビスの露地栽培ではヨトウムシ類やオオタバコガのようなチョウ目害虫による食害がもっとも被害が大きい。また、アブラムシ類やコナジラミ類の発生、定植後にネキリムシ（カブラヤガの幼虫など）による欠株の発生なども見られる。

ハウス栽培のプンタレッラでは、防虫ネットの利用などの害虫防除を怠ると、ヨトウムシ類、アブラムシ類、ハダニ類、コナジラミ類、ネキリムシの被害が発生する。とくにアブラムシ類は多発すると、商品部である花茎に大量に付着するため、できるだけ防ぎたい害虫である。

ちなみにタルディーボは、露地での株養成時におもに外葉に害虫被害が出るが、軟白処理前に外葉の多くを摘除するため、あまり問題になることはない。

農薬をできるだけ使わない工夫

育苗中は防虫ネット

農薬は産業としての農業を維持するうえでなくてはならないものだが、チコリー類のような生産量の少ない野菜（マイナー作物とも呼ばれる）は、使用が認められている登録薬剤の数が非常に少なく、農薬を使わない病害虫防除法を上手に活用することが重要である。

まずは栽培方法の工夫によって病害虫の被害を減らす耕種的防除を取り入れる。たとえば、育苗をしている場所やプンタレッラのようなハウス栽培では、空間を防虫ネットで囲って、ガの仲間などの侵入と産卵を防ぐ。菌核病や軟腐病などを発病した株は、できるだけ圃場外に持ち出して処分する。また、雑草が病原菌を持っていたり、害虫が雑草に産卵したりすることも多いため、作物の近くやハウス内の雑草は時期を問わず除去することを心がける。

表7－1　病害虫防除のための農薬の一例

病害虫	作物名	農薬名	備考
菌核病	トレビス	カンタスドライフロアブル	
	野菜類	ミニタンWG	微生物農薬
灰色かび病	プンタレッラ	カンタスドライフロアブル	
	野菜類	カリグリーン水溶剤	炭酸水素カリウム
軟腐病	野菜類	Zボルドー水和剤	銅剤
		ジーファイン水和剤	炭酸水素ナトリウム(重曹)＋銅剤
ヨトウムシ類	野菜類	ゼンターリ顆粒水和剤	微生物農薬（BT剤）
アブラムシ類	トレビス	アディオン乳剤	
		モスピラン顆粒水溶剤	
	野菜類	エコピタ液剤	気門封鎖型薬剤
オオタバコガ	トレビス	アファーム乳剤	

注　作物名「トレビス」や「プンタレッラ」で登録されている薬剤や，「野菜類」に使えるものを選択する

高温期に向かう作型ではシルバーマルチでアブラムシ忌避

マルチ被覆も有効である。作物への泥はねを防ぐことで、菌核病のように土壌中に伝染源の病原菌がいる病害の発生を抑えることができる。また、シルバーマルチは表面がキラキラして光を反射するため、アブラムシ類がこれを嫌って寄りつかなくなる。シルバーマルチは黒マルチほど地温を上げないので、高温期に向かう作型（たとえばトレビスの春まき）にはトウ立ちの抑制にも非常に有効である。

これらの耕種的防除で防ぎきれない病害虫は、農薬登録されている薬剤を用いる。作物名「トレビス」や「プンタレッラ」で登録されている薬剤や、「野菜類」に使えるものを選択する。

殺虫剤では、デンプンなどの食品由来や天然由来の成分によって害虫が呼吸する気門をふさいで窒息

させる気門封鎖型薬剤、微生物がつくり出す毒素で害虫を駆除するＢＴ剤、殺菌剤では銅剤や炭酸水素ナトリウム（重曹）、炭酸水素カリウムなど、安全性が高く有機表示できる種類の農薬を積極的に用いるとよい（表7－1）。

第8章

チコリー類の食べ方と売り方

1 チコリー類共通の苦みと色彩の美しさ、品目ごとの食味

チコリー類に共通する食材としての特徴は、苦みと色彩の美しさである。それに加えて品目ごとのよさがある。たとえばトレビスはみずみずしさ、タルディーボはほのかな甘み、プンタレッラはしゃきしゃきの食感、といったさまざまなおいしさを楽しむことができる。

トレビスは、葉の美しい赤と白の色彩とほろ苦い食味が特徴で、とくにとれたてはみずみずしさが加わってサラダに最適である。イタリア、フランスなどの西洋料理では広く用いられ、苦みが引き立つドレッシングと合わせるサラダで食べることがもっとも多いが、加熱調理してほのかな甘みを引き出すなど、多様なメニューにも利用される。日本国内においては、サラダに赤色の色彩と苦みを加える食材としての業務用途または加工原料需要が多く、スーパーなどの直接消費の形態ではまだ一般的な食材にはなっていない。

タルディーボの品質の特徴は、料理に映える細長い葉、美しい赤と白の色彩、ほろ苦さの中にほのかに甘みを感じる食味である。イタリア、フランスなどの西洋料理に使われ、トレビス同様にサラダがもっとも多いが、ボイルして甘みを引き出すなど、多様なメニューに利用されている。日本国内においては、専門料理店向けの特殊な業務用途の食材として扱われ、食品スーパーなどで直接消費者が

目にすることはほとんどない。

ここでは、日本ではまだあまり知られていないプンタレッラの食べ方を紹介する。チコリー類は「サラダでの食べ方は想像がつくが、加熱調理にはピンとこない」という方が多いと思われるので、とくに加熱調理のアイデアとして、プンタレッラ以外のチコリー類の調理にも参考になるはずだ。プンタレッラの魅力を宮城から発信するために宮城県農林水産部食産業振興課が事業として取り組んで考案した料理レシピを以下にあげる（写真8－1～8－6）。

プンタレッラのサラダ

調理／東京恵比寿
「ALMA」及川シェフ

写真8－1
プンタレッラのサラダ

●材料（4人分）
プンタレッラ…1/2株
ニンニク…1/2かけ
アンチョビ…大4本
白ワインビネガー
エクストラバージン
　オリーブオイル…70～100cc
塩，コショウ…適量

●作り方
①プンタレッラの若茎を株から切り分け，細長く裂くようにして切り，氷水に浸ける。
②アンチョビ，ニンニク，ワインビネガー，オリーブオイルをミキサーにかけてペースト状にする。
③①の水気をよく切って②をかけ，塩，コショウで味をととのえ，手で混ぜる。
④お好みによりレモン汁を加える。

雪んこプンタ

調理／野菜ソムリエ　カワシマヨウコ

●材料（4 人分）
プンタレッラ…120g
ベーコン…120g
ニンジン…小 1 本
西洋カボチャ…160g
絹ごし豆腐…1 丁
ニンニク…4 個
白ごま…大 2
白味噌…大 1 半
清酒…大 2
オリーブオイル…大 1 弱
塩，コショウ…適量

写真8－2　雪んこプンタ

●作り方
①プンタレッラは細くそぎ切りに，ニンジンは薄く半月切りに，カボチャは薄く扇型に，ベーコンは 1cm 幅に切る。
②温めたフライパンにオリーブオイルをひき，つぶしたニンニクを入れる。香りがたったらベーコン，カボチャ，ニンジン，プンタレッラの順に入れて炒め，軽く塩，コショウで下味をつける。
③豆腐は水切りし，味噌，ごま，酒を入れて滑らかになるまで混ぜる。
④②に③を入れて和えたら完成。

プンタレッラの情熱トマト煮込み

調理／管理栄養士　大河内裕子

●材料（4人分）

プンタレッラ…120g
ジャガイモ…1個
長ネギ…1本
エリンギ…1パック
ホールトマト…1/2缶
豚モモ角切り…120g
ソーセージ
（チョリソー）…4本
黒オリーブ…20個
塩，コショウ…適量
オリーブオイル…大2

写真8－3　プンタレッラの情熱トマト煮込み

●作り方

①ジャガイモは3cm角，ネギは3cmに切る。
②エリンギは笠を4等分くらいになるように切る。
③ソーセージは2～3cmに切る。
④鍋にオリーブオイルを熱し，ソーセージとジャガイモと肉を入れ，焼き目がつくまで焼く。
⑤エリンギ，ネギを入れてさっと炒め，水をひたひたに入れる。火を弱くしてゆっくりと火を通す。ジャガイモに火が通ったらトマトと黒オリーブを入れて塩，コショウで味をととのえる。
⑥最後にプンタレッラを入れて，ひと煮立ちさせる。

プンタレッラの肉だんごスープ

調理／宮城県丸森町「緑山」菊地シェフ

●材料（4人分）

A
- 豚ひき肉…200g
- 卵…1/2個
- ネギのみじん切り…小1
- 酒…大1
- 生姜の絞り汁…大1
- かたくり粉…大1
- 塩…小さじ1/2

固形コンソメ…1個
水…4カップ
キノコ（しめじなど）…60g
プンタレッラ…200g
塩，コショウ…少々

写真8−4　プンタレッラの肉だんごスープ

●作り方

①Aの材料を練り混ぜ，左手に適量とり，スプーンで丸くととのえて肉だんごを作る。
②鍋に分量の水を入れて，弱火にかけながらコンソメを溶かす。①の肉だんごをスプーンで落とし，中火にして煮立て，アクが出てきたらすくいとる。
③しめじなどのキノコを入れ，塩，コショウで味をととのえる。
④水洗いして，ザク切りにしたプンタレッラを仕上げに加え，さっと火を通し，温めた器に盛りつける。

みやぎの恵みバーニャカウダ

調理／食のプランナー　早坂久美

●材料（4人分）

ニンニク…90g
アンチョビ…70g
オリーブオイル…100cc
牛乳…適宜
（ニンニクがかぶるくらい）
プンタレッラ…160g
カブ…1個
生牡蠣…8粒
ばちまぐろ…160g
赤ピーマン…1個
黄ピーマン…1個
バゲット…適宜

写真8−5
みやぎの恵みバーニャカウダ

●作り方

①ニンニクは皮をむき，まるごと小鍋に入れ，牛乳でゆでこぼす。
②柔らかくなったニンニクにアンチョビを加えてフードプロセッサーで攪拌する。
③小鍋にオリーブオイルを入れ，その中に②を加え，全体を混ぜ合わせるように軽く煮立てる。
④野菜、生牡蠣、ばちまぐろ、バゲットは食べやすい大きさに切り，器に盛りつける。
⑤②のソースをバーニャカウダ用の土鍋に入れ，温めながら野菜や生牡蠣、ばちまぐろ、バゲットにつけていただく。

牡蠣とプンタレッラのスパゲッティ

調理／仙台市「デル・カピターノ」庄子シェフ

●材料（1人分）

スパゲッティ…80g
エクストラバージンオリーブオイル…30cc
牡蠣…8粒
ニンニク（みじん切り）…少々
白ワイン…50cc
A［プンタレッラ
アンチョビ
ニンニク
エクストラバージン
オリーブオイル］
無塩バター…30g
黒コショウ…少々
イタリアンパセリ…少々

写真8−6　牡蠣とプンタレッラのスパゲッティ

●作り方

①Aを切って和え，マリネにしておく。
②フライパンにオリーブオイルとニンニクのみじん切りを入れ，火にかける。牡蠣を入れて焼いたら，白ワインを入れてアルコールを飛ばす。
③スパゲッティをゆでて②のソースとからめ，バターを入れて味をととのえる。
④皿に盛り，①をのせて黒コショウとイタリアンパセリの粗みじん切りをちらして完成。

2 流通・販売の状況

まとまった産地があるのはトレビス──国内の産地の状況

日本国内におけるトレビスの産地は全国各地に存在し、鹿児島県、岡山県、長野県、埼玉県、茨城県、宮城県、山形県、北海道などで生産されている。トレビスを生産品目として採用する意義としては、レタス類の産地・生産者、またはイタリア野菜に特化した生産者などが、商材に多様性を持たせるためのアイテムの一つとして扱う場合が多い。

一方、タルディーボ、プンタレッラの生産は全国各地に点在している個人生産者によって担われており、宮城県、山形県、埼玉県、千葉県、岡山県などに生産の情報が存在するが、国内全体の生産量は把握できない状態といえる。タルディーボやプンタレッラを生産品目として採用する意義としては、イタリア野菜に特化した生産者が、冬季に特別な価値を持つ目玉商材として扱う場合が多いと思われる。

例として宮城県では、2001年にイタリア国ローマ県と友好姉妹協定を締結して以来、同じキク科チコリー類でローマに縁のあるプンタレッラを先駆けに、イタリア野菜を生産するJAみやぎ仙南野菜研究会のような産地が出てきており、タルディーボはプンタレッラと同時期の出荷期間（1月上旬〜3月上旬）に、サラダ利用中心の食材として出荷する品目の一つとなっている。

少量販売とレシピがカギ――直売所での売り方

くり返しになるが、今の日本ではチコリー類を含むイタリア野菜はイタリア料理などの専門料理店向けを中心とした業務用に売られているのが大半である。しかし、ここ数年はイタリア野菜の魅力が一般の消費者にも浸透し始めている気配があり、トレビスやプンタレッラを直接店頭販売するチャンスはもっと増えていくかもしれない。

とはいっても、他の普通の野菜と同じように店舗内に陳列しても、なかなか消費者は購入してくれない。理由はもちろん、「その野菜自体を知らない」「食べたことがない」「おいしい食べ方がわからない」ことだろう。業務用の量目だと、家庭で食べてみるには量が多すぎる、それゆえ価格も高く感じる、などもあるかもしれない。これらを販売方法で解決できれば、家庭用に購入する機会を増やせるかもしれない。

宮城県内の一部の地域では、本書で紹介したプンタレッラやトレビスを直売所で販売している店舗がいくつかある。たとえばプンタレッラは、1株まるごとだと2kg近い重量の大物になることも珍しくないため、ある直売所では花茎を小分けにして小さい袋で販売している（口絵⑻参照）。ちょうど一家庭の夕飯に食べるサラダ1食分くらいの量なので、試しに購入するにはちょうどいい大きさになっている。もちろんそれだけでは食べ方がわからないので、レシピを添えて売っていたり（図8－1～8－3）、ポップで食べ方を紹介したり、日によっては店員が試食を用意して食べ方を説明したりしている。また、ほかの直売所では、プレコーチェやタルディーボを販売する際、1株ずつパック詰めにして、やはりレシピのちらしを添えたり試食を提供したりしながら販売している。買う前に食べ方や味を体験してもらうことで、馴染みの薄い野菜を身近に感じてもらうことが、販売量を伸ばすコツのようである。

プンタレッラ料理レシピ1

＊＊ JAみやぎ仙南西洋野菜研究会 ＊＊

プンタ君

◆プンタレッラ（11月～3月）

ローマの伝統野菜
ほろ苦さとシャキシャキの食感がくせに！
西洋野菜研究会ではは生産者16名がハウスで安定栽培しています。

定番はオリーブオイルとアンチョビのドレッシングのサラダ

東京目黒区Parentesiのプンタレッラサラダ

◆定番！ サラダ

★材 料（4人前）
- ○プンタレッラ 500g
- ○ニンニク 1／2かけ（A）
- ○アンチョビ 大1本（A）
- ○白ワインビネガー 30cc（A）
- ○EXバージンオリーブ油 30cc（A）
- ○塩・こしょう 各適量

★作り方

①プンタレッラの若芽（茎）を株から切り分け、細長く裂くように切り、30分程度冷水につける。
②Aをミキサーにかけてペースト状にする。
③①の水気を切って②を加え塩・こしょうで整える。お好みでレモン汁を加える
❤市販のドレッシングでもおいしいです。

図8－1 プンタレッラ販売に添える料理レシピのちらし1

プンタレッラ料理レシピ2

＊＊ JAみやぎ仙南西洋野菜研究会 ＊＊

プンタ君

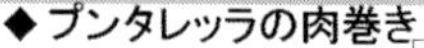

◆ プンタレッラの肉巻き

★材 料
○プンタレッラ（細長く切って） 200g
○しゃぶしゃぶ用 100g
○塩・こしょう 適量（焼き肉のたれでもよい）
○サラダ油 少々

★作り方
プンタレッラに豚肉を巻きフライパンできつね色に焼き、仕上げに塩・こしょうで味付ける

◆かんたんピクルス

★材 料
○プンタレッラ 200g
○にんじん 100g
○ヤーコン 300g
●ピクルス液
○酢 200cc ○水 100cc
○砂糖 60g ○塩 小さじ2

★作り方
①ピクルス液材料をすべて鍋に入れ沸騰させます。
②プンタレッラやにんじんなどの野菜を食べやすい大きさに切り、容器に入れて、熱い①液を野菜がかくれる位いれ、半日おけばできあがり。

※シナモンスティックやローリエ、ニンニクなどを入れると風味がましておいしくなります。

図8－2 プンタレッラ販売に添える料理レシピのちらし2

プンタレッラ料理レシピ3

＊＊ JAみやぎ仙南西洋野菜研究会 ＊＊

プンタ君

◆ プンタレッラのナムル

★材 料
○プンタレッラ 200g ○だいこん 200g
○にんじん 50g ○塩 小さじ1
○ごま油 大さじ1 ○鶏がらスープの素 小さじ1
○にんにく 1片 ○いりごま 適量

★作り方
プンタレッラ、だいこん、にんじんを千切りして塩をまぶし、しんなりしたら水気を絞ります。にんにくのすりおろしと鶏がらスープの素とごま油を加えてよく混ぜ、仕上げにごまをふりかけます。

◆てんぷら（絶妙な味！）

★材 料
○プンタレッラ 適量 ○てんぷら粉 適量（塩少々入れると甘さが引き立ちます

★作り方
プンタレッラの若芽を株から切り分け、食べやすい長さに切り二つ割程度の大きさにする。洗って水をきり、水で溶いたてんぷら粉をつけて、180℃の油で天ぷら粉がきつね色になるようにあげる。

図8－3 プンタレッラ販売に添える料理レシピのちらし3

種子取扱業者問い合わせ先一覧

トレビスの種子取扱業者問い合わせ先

早晩性	品種名	種苗メーカー	電話	ファックス
極早生 （75～85日）	春秋用55 （TSGI-042）	トキタ種苗	048-685-3190	048-684-5042
	ジュリエッタ	丸種	075-371-5101	075-371-5108
早生 （85～95日）	レッドストーン	カネコ種苗	027-251-1611	027-290-1086
	春秋用60 （TSGI-011）	トキタ種苗	—	—
	トレビノ	渡辺農事	04-7124-0111	04-7124-0115
中早生 ～中生 （95～105日）	レッドロック	カネコ種苗	—	—
	春秋用80 （TSGI-010）	トキタ種苗	—	—
	暮用中生90 （TSGI-082）	トキタ種苗	—	—
晩生 （110日以上）	冬用晩生100 （TSGI-085）	トキタ種苗	—	—
	冬用晩生140 （TSGI-084）	トキタ種苗	—	—

（　）内は発芽から収穫までの日数

タルディーボの種子取扱業者問い合わせ先

商品名または品種名	取扱業者	電話	ファックス
リーフチコリー・トレヴィーゾ2 など	ナチュラル・ ハーベスト	03-6912-6330	03-6912-6331
赤チコリータルディーボ	藤田種子		079-568-1350

プンタレッラの種子取扱業者問い合わせ先

商品名または品種名	取扱業者	電話	ファックス
プンタレッレ・アスパラガスチコリー／アスパラガスチコリー・プンタレッラ／リーフチコリー・プンタレッラなど	ナチュラル・ハーベスト	03-6912-6330	03-6912-6331
アスパラガスチコリー（プンタレラ）	藤田種子	／	079-568-1350

プレコーチェ，ヴェローナの種子取扱業者問い合わせ先

商品名または品種	種苗メーカー取扱業者	電話	ファックス
プレコーチェ	トキタ種苗	048-685-3190	048-684-5042
リーフチコリー・トレヴィーゾプレコーチェなど	ナチュラル・ハーベスト	03-6912-6330	03-6912-6331
赤長チコリーＦ１トレビーゾビビアン	藤田種子	／	079-568-1350

カステルフランコの種子取扱業者問い合わせ先

商品名または品種名	取扱業者	電話	ファックス
リーフチコリー・カステルフランコ	ナチュラル・ハーベスト	03-6912-6330	03-6912-6331
カステルフランコ	藤田種子	／	079-568-1350

著者略歴

山村　真弓（やまむら　まゆみ）

1959年生まれ。元宮城県農業・園芸総合研究所園芸栽培部長。1985年宮城県に採用され、野菜に関する研究に従事。特徴的な野菜を主体に安定栽培試験を行ない、プンタレッラなどのチコリー類の研究は2008年から7年間従事。2019年に退職後は民間企業（仙台ターミナルビル株式会社）で野菜の専門監として野菜生産指導を行なっている。

（第1章，第5章執筆）

澤里　昭寿（さわさと　あきとし）

1981年生まれ。宮城県農業・園芸総合研究所、野菜部露地野菜チームリーダー。

2005年に宮城県職員に採用され、その後3年間は農業改良普及指導員として地域の野菜振興を担当し、2008年から現所属でイタリア野菜の栽培研究に従事している。これまでに担当した品目は20種類以上。

（第2～4章，第6～8章執筆）

◆小さい農業で稼ぐ◆

チコリー類　トレビス・タルディーボ・プンタレッラ・プレコーチェ・ヴェローナ・カステルフランコ

2019年8月25日　第1刷発行

著者　山村　真弓
　　　澤里　昭寿

発行所　一般社団法人　農山漁村文化協会
郵便番号　107-8668　東京都港区赤坂7丁目6-1
電話　03(3585)1142(営業)　03(3585)1147(編集)
FAX　03(3585)3668　　振替　00120-3-144478
URL http://www.ruralnet.or.jp/

ISBN978-4-540-18149-8　　製作／(株)農文協プロダクション
〈検印廃止〉　　印刷／(株)新協

製本／根本製本(株)
Printed in Japan
定価はカバーに表示
乱丁・落丁本はお取り替えいたします。